Persen • Steffek • Lethmayer • Blümel • Polesny

Pflanzengesundheit im Obstbau

Krankheiten, Schädlinge, Nützlingseinsatz

Inhaltsverzeichnis

Vorwort

Mit der 6. Auflage ist aus der Broschüre „Krankheiten, Schädlinge und Nützlinge im Obstbau" ein umfangreiches Buch geworden. Die Inhalte und Abbildungen wurden für dieses Standardwerk um weitere Schad- und Krankheitsbilder erweitert und aktualisiert.

In neuer, zeitgemäßer Erscheinungsform wird das Buch zum praktischen, übersichtlichen Nachschlagewerk für den Erwerbsobstbau, aber auch für interessierte Hobbygärtner.

Die Art der Darstellung der wichtigsten Schaderreger in Wort und Bild hat sich bewährt. Es ist in diesem Rahmen nicht möglich, tatsächlich alle potenziell im Obstbau auftretenden Schadfaktoren zu beschreiben, dieses Buch bietet aber einen guten Überblick über die wesentlichen Krankheiten und Schädlinge.

Bewusst wurde auf die Nennung einzelner Pflanzenschutzmittel bei den Bekämpfungshinweisen verzichtet, da das verfügbare Pflanzenschutzmittelsortiment einem laufenden Wechsel unterliegt. Manche Präparate werden aus dem Verkehr gezogen, neue Wirkstoffe erscheinen. Die Nennung einzelner Wirkstoffe würde also schon nach wenigen Saisonen nicht mehr vollständig und aktuell sein. Informationen über das verfügbare Inventar an Pflanzenschutzmitteln und die dazugehörigen Wirkstoffe sowie Gefahrenhinweise, Vertriebsfirmen etc. können in Österreich dem jährlich neu herausgegebenen „Amtlichen Pflanzenschutzmittelverzeichnis", das über die AGES beziehbar ist, oder dem Internet (http://www.ages.at) entnommen werden.

Wien, im Mai 2005

Die Autoren

Pflanzenschutz im Obstbau

Im Erwerbsobstbau hat der Schutz der Pflanzen vor wirtschaftlichen Schäden, die durch verschiedenste Schaderreger verursacht werden können, große Bedeutung.

Gerade durch den flächigen Anbau einer Kultur ist die Gefahr, dass sich Krankheiten und Schädlinge rasch im Bestand ausbreiten, groß. Umso wichtiger ist es, die Schadsymptome zu erkennen, richtig zu diagnostizieren und rechtzeitig die entsprechenden Maßnahmen zu setzen.

Der „Integrierte Pflanzenschutz" ist heute bereits weitgehend zum Standard geworden. Dabei kommen zur Abwehr von Schaderregern vorrangig die nicht chemischen Pflanzenschutzmaßnahmen zum Einsatz. Diese beginnen schon bei der Auswahl des Standortes für eine Obstanlage und dem Einsatz von geprüftem und gesundem Pflanzgut. Ein Prinzip des „Integrierten Pflanzenschutzes" ist die regelmäßige Kontrolle der Obstanlagen auf einen Schaderregerbefall und die vorrangige Verwendung nicht chemischer Pflanzenschutzmaßnahmen (biologische, biotechnische, mechanisch/kulturtechnische).

Erst als letzte Konsequenz greift man auf chemische Pflanzenschutzmittel zurück, wobei auch bei der Auswahl der Präparate darauf geachtet wird, dass gezielt jener Schaderreger bekämpft wird, der das Problem verursacht. Der Einsatz breit wirksamer, nützlings- bzw. bienenschädigender Pflanzenschutzmittel sollte unterbleiben.

Nachfolgend sind in einem Überblick die verschiedenen Verfahren und Methoden, die im Pflanzenschutz angewendet werden, beschrieben.

Vorbeugende Maßnahmen

Die Wahl eines geeigneten Standortes ist Voraussetzung für die Produktion gesunder Pflanzen. Dabei stellen die verschiedenen Obstarten unterschiedliche Ansprüche an das Klima und den Boden. Stimmen diese Voraussetzungen am Standort nicht mit den Bedürfnissen der Pflanze überein (z. B. bei verdichteten Böden), so entwickeln sich die Pflanzen nicht optimal und sind anfälliger für einen Schaderregerbefall.

Ein wichtiger Faktor ist die Bodengesundheit. Bodenabdeckung, wie z. B. Grasmulch, schützt den Boden vor Erosion und vermindert Feuchtigkeits- bzw. Temperaturschwankungen. Diese Eigenschaften begünstigen auch ein intaktes Bodenleben, das ebenfalls einen wichtigen Grundpfeiler der Pflanzengesundheit darstellt.

Der Einsatz von Pflanzenschutzmitteln, die schädigend in das Ökosystem Boden eingreifen, sollte auf ein notwendiges Maß eingeschränkt werden.

In diesem Zusammenhang können als Beispiel Kupferpräparate angeführt werden, die toxisch auf Regenwürmer wirken.

Um eine optimale Nährstoffversorgung der Pflanzen zu gewährleisten, sind Boden- und Blattanalysen unerlässlich. Sowohl Nährstoffüber- als auch -unterversorgung schwächen die Pflanze.

Nicht alle Sorten einer Obstart sind für die verschiedenen Schaderreger gleich anfällig. Besonders bei den Krankheitserregern bestehen diesbezüglich große Sortenunterschiede. Neben relativ unempfindlichen Sorten gibt es auch Sorten, die gegen bestimmte Krankheiten Resistenzen aufweisen und daher nicht befallen werden. Auch bei mehreren tierischen Schaderregern treten Unterschiede in der Anfälligkeit der Sorten auf.

Nur qualitativ hochwertige, auf definierte Krankheiten getestete Pflanzen garantieren ein gesundes Ausgangsmaterial. Die Auswahl möglichst resistenter oder schwach anfälliger Sorten vermindert von vornherein den Einsatz von chemischem Pflanzenschutz.

Biologische Maßnahmen

Unter den biologischen Pflanzenschutzmaßnahmen hat die Förderung und Schonung von Nützlingen besondere Bedeutung. Um Populationen von Nützlingen dauerhaft in einer Obstkultur zu erhalten bzw. anzusiedeln, müssen alle Pflanzenschutzmaßnahmen so angelegt werden, dass die verwendeten Präparate die Nutzorganismen nicht oder nur in geringem Umfang negativ beeinflussen. Dies ist bei geeigneter Mittelwahl durchaus möglich. Die Schonung von Nützlingen sollte generell bei der Auswahl eines Pflanzenschutzmittels berücksichtigt werden.

Fehlt ein wichtiger natürlicher Gegenspieler eines Schaderregers in einer Obstanlage, so ist es in manchen Fällen möglich, diesen auf den Kulturpflanzen künstlich wieder anzusiedeln. Sind zum Beispiel in einer Ertragsobstanlage aufgrund eines verfehlten Pflanzenschutzmitteleinsatzes keine Raubmilben vorhanden, so können diese

Ein adulter Marienkäfer (Coccinella septempunctata)

erfolgreich aus anderen Anlagen mit reichlichem Raubmilbenbesatz wieder angesiedelt werden.

Eine aktive Förderung der Nützlinge kann durch Schaffung und Erhaltung von natürlichen Feldrainen, Hecken und ökologischen Ausgleichsflächen erfolgen, die diesen als Rückzugsgebiet, Nahrungsquelle, Entwicklungsort und/oder Überwinterungsplatz neben den intensiv bewirtschafteten Kulturflächen dienen.

In den Abbildungen werden einige für den Obstbau besonders wichtige nützliche Spinnentiere und Insekten vorgestellt, die entweder als Räuber (z. B. Marienkäfer, Raubmilben) oder Parasitoide (z. B. Schlupfwespen) tätig sind.

Neben den Insekten und Spinnentieren können auch Vögel und Säugetiere als Nützlinge gefördert werden. In Ertragsobstanlagen können durch das Aufstellen von Ansitzstangen Greifvögeln bessere

Marienkäfer-Larve

Bedingungen für die Jagd auf Wühlmäuse und Feldmäuse geboten werden. Steinhaufen können Wieseln als Unterschlupf dienen, die ebenfalls Mäuse jagen. Durch das Aufhängen von geeigneten Nistkästen können Singvögel unterstützt werden, die eine wichtige Rolle als Begrenzungsfaktoren von z. B. Frostspannern und Schalenwicklern spielen.

Schwebfliege (Episyrphus balteatus)

Biotechnische Maßnahmen

Zur Bekämpfung von Schadinsekten werden zunehmend Pheromone (artspezifische Duftstoffe, die von den jeweiligen Weibchen zur Anlockung der Männchen abgegeben werden) eingesetzt. In Pheromonfallen wird der künstlich synthetisierte Sexuallockstoff genutzt, um die Männchen in der Falle zu fangen. Der Erfolg ist weitgehend von einer relativ niedrigen Populationsdichte des jeweiligen Schädlings und von der optimalen Dosierung und Formulierung des Lockstoffes, also von der Dichte, Verteilung, Stärke und Persistenz der Pheromonquelle, abhängig. Es können zwei verschiedene Methoden zur Anwendung kommen, die so genannte Verwirrungsmethode oder Konfusionstechnik und die Massenfangmethode, wo Pheromone in Kombination mit Fallen eingesetzt werden. (Weitere Informationen siehe auch unter Kapitel „Warndienst- und Kontrollmethoden".)

Zu den biotechnischen Maßnahmen gehören auch beleimte Farbtafeln, die zur Anlockung und zum Fang von verschiedenen Schadinsekten dienen (z. B. Gelbtafeln gegen Kirschfruchtfliegen, Weißtafeln gegen Sägewespen).

Mechanischer Pflanzenschutz

Wird eine Obstanlage regelmäßig auf das Auftreten von Schädlingen und Krankheiten untersucht, kann oftmals die Ausbreitung eines punktuellen Befalls auf die gesamte Anlage vermieden werden. Das Abschneiden befallener Pflanzenteile (z. B. Mehltauschnitt) oder das Entfernen von infiziertem Falllaub wirkt einerseits der Verbreitung der Schaderreger entgegen und unterbricht andererseits ihren Entwicklungszyklus.

Schwebfliegen-Puppe

Florfliegen-Eier

Raubmilbe

Schwebfliegen-Larve

Chemischer Pflanzenschutz

Wird trotz der Anwendung biologischer, biotechnischer und mechanischer Maßnahmen die wirtschaftliche Schadensschwelle überschritten, ist der Einsatz von Pflanzenschutzmitteln gerechtfertigt. Bei der Auswahl der Präparate sind deren Selektivität (das bedeutet die gezielte Wirkung auf einen Schadorganismus mit geringstmöglicher Wirkung auf Nützlinge) und termingerechter Einsatz wesentlich. Der optimale Applikationszeitpunkt (Entwicklungsstadium der Erreger beobachten!) bringt größtmögliche Wirksamkeit und verhindert unnötigen Pflanzenschutzmitteleintrag in die Umwelt.

Bienenschutz

Dem Schutz von Bienen kommt bei der Anwendung von Pflanzenschutzmitteln im Obstbau besondere Bedeutung zu. Die im Handel erhältlichen Präparate werden bezüglich ihrer Gefährlichkeit auf Bienen in drei Klassen eingeteilt:

- **bienenungefährlich:** Diese Präparate sind nicht besonders gekennzeichnet, bei ihrer Anwendung bedarf es keiner speziellen Vorsichtsmaßnahmen bezüglich Bienen.

- **minder bienengefährlich:** Diese Pflanzenschutzmittel (als „mBg" gekennzeichnet) sollten so weit wie möglich nicht auf blühende Bestände ausgebracht werden. Ist der Einsatz eines derartigen Präparates in blühenden Kulturen unumgänglich, so sollte die Applikation außerhalb der Flugzeit der Bienen in den Morgen- oder Abendstunden erfolgen.

- **bienengefährlich:** Beim Einsatz dieser Präparate sind Bienen unbedingt fern zu halten, also Behandlungen in die Blüte sind in jedem Fall zu unterlassen.

Nicht nur die Blüten der Obstkulturen können als Weide dienen, auch Unterkulturen.

Warndienst- und Kontrollmethoden

Für einen gezielten Einsatz von Pflanzenschutzmitteln ist es von Bedeutung, über Informationen hinsichtlich der richtigen Terminisierung zu verfügen. Für viele Schaderreger erfolgt dies in Form von Warndienstmeldungen. Vom Institut für Pflanzengesundheit, AGES, werden für die wichtigsten Obstbauschaderreger im Sinne eines überregionalen Warndienstes, so weit möglich, über das Internet (www.ages.at) aktuelle Hinweise zur gezielten Behandlung gegeben. Warndienste werden auch von lokalen Institutionen, insbesondere den Landes-Landwirtschaftskammern, im Internet zur Verfügung gestellt.

Neben dem Beachten von Warndienstmeldungen sind auch Beobachtungen über das aktuelle Auftreten von Schaderregern in den eigenen Obstkulturen anzustellen. Hiefür steht eine Vielzahl von Methoden zur Verfügung.

Prognosemodelle für Pflanzenkrankheiten

Elektronische Kleinklimamessstationen liefern Daten über Temperatur, Niederschläge und Blattnässedauer. Diese Daten können – kombiniert mit einer verlässlichen Wetterprognose und ergänzt durch Informationen zur Menge an Inokulum in einer Obstanlage (= z. B. Pilzsporen) – zur Ermittlung des Infektionszeitpunktes errechnet werden.

Pheromonfallen

Pheromonfallen dienen nicht nur als gezielte Massenfangmethode, sondern auch zu Monitoringzwecken, also um die zeitliche

Abfolge (Phänologie) bzw. das Auftreten eines Schadinsektes festzustellen. So kann anhand der Beobachtung der laufend gefangenen Männchen von z. B. Schadschmetterlingen auf Beginn und Dauer des Falterfluges und in weiterer Folge auf die Eiablageaktivität des Schädlings geschlossen werden. Darauf aufbauend ist eine genaue Terminisierung von Pflanzenschutzmaßnahmen möglich. Werden keine Falter der entsprechenden Art in der Falle gefangen, so kann eine Behandlung unterbleiben (Negativprognose). Es ist aber nicht möglich, aus der Zahl der gefangenen Männchen auf den zu erwartenden Befall zu schließen, da einerseits die Fallen der verschiedenen Hersteller unterschiedlich fängig sind und andererseits auch die Witterungsfaktoren, Nützlinge usw. den tatsächlichen Befall beeinflussen.

Farbtafeln

Auf viele Insekten wirken bestimmte Farbtöne attraktiv und damit anziehend. Dieses Verhalten wird genutzt, indem man Schadinsekten bewusst mit diesen Farben anlockt und kombiniert mit Fallen fängt. So wird die Kirschfruchtfliege von gelben, die Sägewespen von weißen Flächen angelockt. In der jeweiligen Farbe gehaltene Leimtafeln können zur Beobachtung des Flugverlaufs dieser Insekten eingesetzt werden. Mit diesen Fallen ist, wie bei den Pheromonfallen, einerseits eine Negativprognose möglich (keine Schädlinge gefangen – keine Schäden zu erwarten), andererseits können aufgrund dieser Beobachtungen Pflanzenschutzmitteleinsätze besser terminisiert werden. Farbtafeln sollten aber nur während der zu erwartenden Flugzeit der jeweiligen Schadinsekten ausgebracht werden, da auch viele Nichtzielorganismen und Nützlinge von solchen Farbtafeln angelockt und gefangen werden.

Visuelle Kontrollen

Mit Hilfe von visuellen Kontrollen werden verschiedene Organe der Obstpflanze (Blüten, Blätter, ...) auf Befall mit einem Schaderreger untersucht. Diese Kontrollen sind vor allem für tierische Schaderreger von großer Bedeutung. Bei Blattläusen werden zum Beispiel einzelne Triebe, bei Spinnmilben Blätter und bei Frostspanner Blattbüschel untersucht. Dabei kann man auch erkennen, wo eventuell die einzelnen Befallsherde liegen.

Bei Spinnmilben und Eiablagen ist die Verwendung einer etwa 10fach vergrößernden Lupe zu empfehlen.

Klopfmethode

Die Klopfmethode kann zusätzlich zur visuellen Kontrolle Informationen über den aktuellen Bestand an tierischen Schaderregern liefern. Sie wird mittels eines standardisierten Stofftrichters (1/4-m^2-Öffnung) durchgeführt. Der Trichter wird unter die Äste des Baumes gehalten, die mit einem wattierten Stab abgeklopft werden. Als Folge der Erschütterungen lassen sich die auf dem Ast sitzenden Insekten und Spinnentiere fallen und landen dann im Klopftrichter. Wird auf diese Art und Weise eine größere Zahl (33–100) an Ästen abgeklopft, so erhält man in einem am Ende des Trichters angebrachten Gefäß einen repräsentativen Querschnitt der aktuellen Insektenfauna der Obstbäume.

Nähere Details über die Klopfmethode sind der OILB-Broschüre „Die Klopfmethode“ zu entnehmen (siehe Literaturverzeichnis).

Schadbilder-übersicht

Schnellbestimmung

Als schnell nutzbare Bestimmungshilfe folgt auf den kommenden Seiten eine Übersicht aller im Buch beschriebenen Schadbilder mit einer Kurzbeschreibung.

Am Ende wird jeweils die Seite mit der ausführlichen Detailbeschreibung angegeben.

Damit eine rasche Zuordnung möglich ist, sind die Schadbilder nach ihrem hauptsächlichen Auftreten – Schadbilder an Kernobst, Steinobst und Beerenobst – zusammengefasst.

Schadbilder an Blättern & Blüten

Gelblaubigkeit (Eisenchlorose)

SCHADBILD: Verschieden starke Aufhellungen und Vergilbungen der Blätter, nur die Blattadern bleiben grün. Verfärbungen zuerst an den jüngsten Blättern sichtbar. Bei sehr starkem Mangel Absterben der Blätter vom Rand her. Das gesamte Wachstum kann beeinträchtigt sein, an den Früchten starke Ausfärbung.

DETAILBESCHREIBUNG: siehe Seite 45

Blattflecken und Blattfall bei 'Golden Delicious'

SCHADBILD: Betroffene Blattzonen färben sich blassgrün, etwa 12 Stunden später entwickeln sich unregelmäßige braune Flecken, die absterben. In weiterer Folge Blattfall. Dem kann ein Vergilben der Blätter vorausgehen. Die Krankheit tritt im Laufe der Vegetationsperiode in mehreren (2–4) Wellen auf.

DETAILBESCHREIBUNG: siehe Seite 61

Apfelmosaikvirus

SCHADBILD: leuchtend gelbe, weißgelbe oder gelbgrüne Verfärbungen in Form von Ringen, Flecken, Bändern, Sprenkelungen oder Linien entlang den Blattadern. Vergilbte Blattteile können im Laufe des Sommers verbräunen, absterben und später abfallen. Schadbild im Frühjahr und Frühsommer am besten erkennbar. Symptome treten oft nur an einzelnen Ästen auf.

DETAILBESCHREIBUNG: siehe Seite 62

Miniermotten

SCHADBILD: Fraßgänge (Minen) zwischen Ober- und Unterseite der Blätter mit jeweils charakteristischer Form für jede Miniermottenart, z. B. Pfennigminiermotte: kreisförmige Minen.

DETAILBESCHREIBUNG: siehe Seite 136

Apfelrostmilbe

SCHADBILD: befallene Blätter mit vermehrter, filziger Blattbehaarung, am Rand leicht nach oben gewellt; bei starkem Befall leicht silbrig braune Verfärbung möglich.

DETAILBESCHREIBUNG: siehe Seite 161

Goldafter

SCHADBILD: zusammengesponnenes, hühnerei- bis faustgroßes Raupennest an den winterkahlen Bäumen; Fraßspuren an Knospen, Blüten und Blättern, bis zu Kahlfraß.

DETAILBESCHREIBUNG: siehe Seite 144

Knospenwickler

SCHADBILD: versponnene junge Blätter und Blütenbüschel, z. T. befressene Blütenknospen und Blätter. Innerhalb der Büschel die Raupen der Knospenwickler.

DETAILBESCHREIBUNG: siehe Seite 146

Apfelblattsauger

SCHADBILD: nur sehr langsame Entfaltung der Blatt- und Blütenbüschel; an Zweigen und Trieben reichlich Honigtauabscheidung und Rußtaubildung; Triebe krümmen sich und vertrocknen.

DETAILBESCHREIBUNG: siehe Seite 165

Blattläuse

SCHADBILD: Einrollen der jungen Blätter, vor allem an den Triebspitzen; manchmal auch Verfärbungen; Hemmung des Triebwachstums.

DETAILBESCHREIBUNG: siehe Seite 166

Blattgallmücken

SCHADBILD: Junge Blätter entfalten sich nicht, sondern bleiben mehr oder weniger stark nach oben zusammengerollt; in den Blattwickeln madenförmige Larven.

DETAILBESCHREIBUNG: siehe Seite 174

Birnblattsauger

SCHADBILD: teilweise starkes Einrollen und Kräuseln der Blätter und Triebe, die schwarz werden und absterben; zusätzlich Honigtau und Rußtaupilze.

DETAILBESCHREIBUNG: siehe Seite 177

Apfelbaumgespinstmotte

SCHADBILD: Blätter der End- und Seitentriebe mit dichtem schleierartigem Gespinst überzogen, darin zahlreiche gelblich graue, schwarz gefleckte Räupchen.

DETAILBESCHREIBUNG: siehe Seite 175

Birnblattpockenmilbe

SCHADBILD: an der Ober- und Unterseite der Blätter pockenartige Gebilde, die zunächst grün und rötlich sind, sich aber bald schwarzbraun verfärben.

DETAILBESCHREIBUNG: siehe Seite 180

Apfelblütenstecher

SCHADBILD: kuppelförmig geschlossene Blütenknospen, Blütenblätter rotbraun verfärbt und vertrocknet; in den Blüten beinlose Larve, später gelbliche Puppe.

DETAILBESCHREIBUNG: siehe Seite 162

Birnknospenstecher

SCHADBILD: Befallene Blütenknospen treiben nicht aus; Knospeninneres ist ausgefressen; in den geschädigten Knospen beinlose Larve, später gelbliche Puppe.

DETAILBESCHREIBUNG: siehe Seite 164

Schalenwickler

SCHADBILD: zusammengesponnene Blätter, Skelettier- und Fensterfraß an den Blättern durch Raupen; auch Befall von Früchten.

DETAILBESCHREIBUNG: siehe Seite 138

Spinnmilben

SCHADBILD: anfangs punktförmige Aufhellungen an den Blättern, später Vergilben und Abfallen der Blätter; bei starkem Befall blattunterseits ein Gewirr zarter Spinnfäden.

DETAILBESCHREIBUNG: siehe Seite 134

Schadbilder an Früchten

Fruchtberostung

SCHADBILD: Auf der Fruchthaut bilden sich braune, raue Stellen, die flächig, netzartig oder ringförmig sein können.

DETAILBESCHREIBUNG: siehe Seite 44

Fleischbräune

SCHADBILD: Einige Zeit nach der Einlagerung beginnt das Fruchtgewebe weich zu werden und zu verbräunen. Verschwommene Übergänge zwischen krankem und gesundem Gewebe. Anfangs sind Kernhaus und Fruchtschale nicht betroffen, später breitet sich die Erkrankung aus. Äußerlich an den dunkleren, durch die Haut durchscheinenden Partien erkennbar.

DETAILBESCHREIBUNG: siehe Seite 54

Stippigkeit des Apfels

SCHADBILD: Charakteristisch sind dunkelgrüne bis braune, mehrere Millimeter große, eingesunkene Flecken. Beim Durchschneiden der Früchte findet man vor allem direkt unter der Fruchtschale Nester von Stippenekrosen. Stark stippige Äpfel schmecken bitter.

DETAILBESCHREIBUNG: siehe Seite 55

Schalenbräune

SCHADBILD: Die Symptome der gewöhnlichen Schalenbräune treten etwa drei bis vier Monate nach der Einlagerung auf und verstärken sich nach der Auslagerung. Die Schale betroffener Früchte verblasst und es entstehen unregelmäßige braune Flecken, die leicht eingesunken sein können. An diesen Stellen kann mit zunehmender Reife auch das direkt unter der Schale liegende Gewebe, nicht aber das Fruchtfleisch geschädigt sein. Die Altersschalenbräune kann durch Überlagerung bei allen Sorten auftreten. Braune, nekrotische Flecken überziehen die Frucht und mit zunehmender Reife wird auch das darunter liegende Fruchtfleisch stark geschädigt.

DETAILBESCHREIBUNG: siehe Seite 56

Bormangel des Apfels

SCHADBILD: Mangelhafter Fruchtansatz, Fruchtdeformationen, verkorkte Stellen an der Oberfläche und im Inneren der Frucht (die braunen, korkähnlichen Flecken dehnen sich bis in die Nähe des Kernhauses aus), Rissbildung, dunkle, glasige Flecken auf der Schale. An den Blättern rostrote bis bronzefarbene Verfärbungen, löffelartige Verkrümmungen.

DETAILBESCHREIBUNG: siehe Seite 60

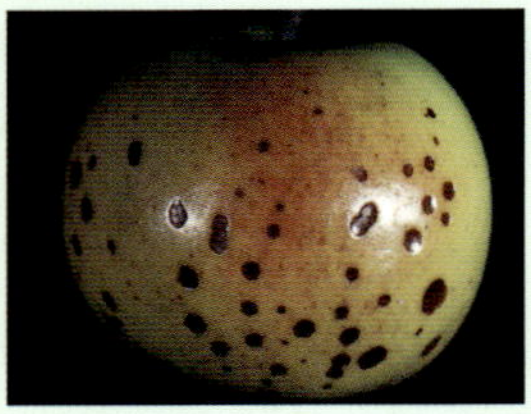

Lentizellenfleckenkrankheiten

Unter dem Begriff „Lentizellenfleckenkrankheiten" werden punktförmige Verfärbungen der Fruchtschale, die hauptsächlich um Lentizellen auftreten, zusammengefasst.

Jonathan-Spot

SCHADBILD: Man unterscheidet zwei verschiedene Typen dieser Krankheit. Der erste Typ zeigt sich in dunkelbraunen bis schwarzen, leicht eingesunkenen Flecken bis 3 mm Durchmesser. Andererseits treten auch z. T. etwas größere (bis 6 mm) Flecken auf, in deren Zentrum sich stets eine Lentizelle befindet. Diese Lentizellen sind dunkler als die sie umgebende Fruchthaut. Der sie umgebende Fleck ist entweder dunkel oder aber hellbraun mit dunklerem Hof und unregelmäßiger Form. Wie tief diese Schadstellen ins Fruchtfleisch hineinragen, ist im Allgemeinen ein Zeichen des Grades der Erkrankung. Betroffen von beiden Formen sind besonders die rot gefärbten Fruchtteile.

DETAILBESCHREIBUNG: siehe Seite 58

Lentizellenröte

SCHADBILD: Die Lentizellenröte erscheint bereits ab Mitte August an der Sonnenseite gelb- oder grünschaliger Äpfel. Das Befallsbild ändert sich danach nicht mehr. Typisch für die Erkrankung sind abgestorbene Atemporen, die von einem roten Hof von 1 bis 3 mm Durchmesser umgeben sind. Achtung: Verwechslungsmöglichkeit mit Schäden durch die San-José-Schildlaus! **DETAILBESCHREIBUNG:** siehe Seite 59

Moniliakrankheit des Kernobstes

SCHADBILD: **Fruchtfäule:** Braune Faulstellen, die sich rasch vergrößern und die ganze Frucht umfassen können. Dort entstehen graue oder braune, in konzentrischen Ringen angeordnete Sporenlager („Polsterschimmel"). Solche Früchte fallen ab oder trocknen ein und bleiben als Fruchtmumien am Baum hängen.

Spitzendürre: Bei Kernobst selten, Blätter und Blüten an den Trieb- und Zweigspitzen welken schlagartig, verfärben sich braun bis grau und vertrocknen.

DETAILBESCHREIBUNG: siehe Seite 48

Gloeosporium-Fruchtfäule des Apfels

SCHADBILD: Nach einiger Lagerzeit bilden sich an den Früchten runde, flache hellbraune Faulstellen, die von Lentizellen oder Wunden ausgehen. Die Flecken vergrößern sich nur sehr langsam, keine Totalfäule. Bei hoher Luftfeuchtigkeit entwickeln sich auf den Schadstellen zahlreiche kleine weiße, rosafarbene oder hellbraune Pusteln.

DETAILBESCHREIBUNG: siehe Seite 74

Rußfleckenkrankheit

SCHADBILD: Unregelmäßige, verwaschene, schattenartige olivgrüne bis schwarze Flecken werden an der Fruchtschale sichtbar.

DETAILBESCHREIBUNG: siehe Seite 51

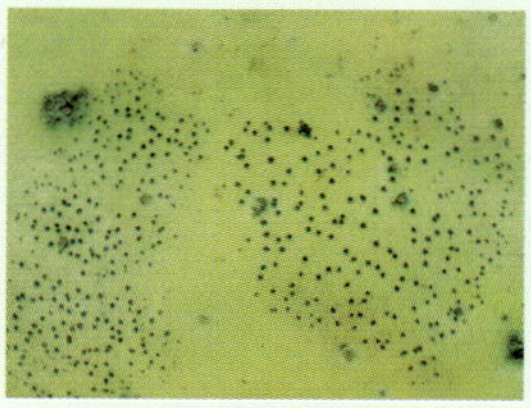

Fliegenschmutzkrankheit

SCHADBILD: Meist in Gruppen erscheinen an den fast reifen Früchten glänzende, scharf abgegrenzte, runde schwarze Fleckchen, die sich durch Abreiben entfernen lassen.

DETAILBESCHREIBUNG: siehe Seite 51

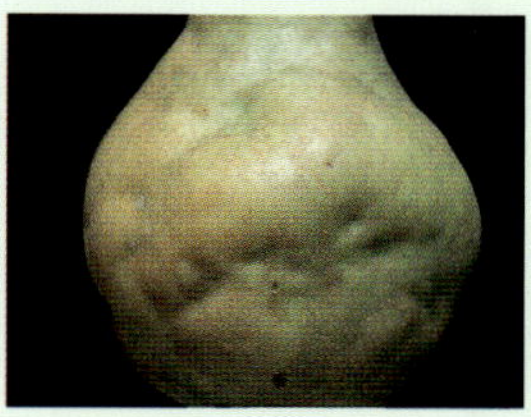

Steinfrüchtigkeit der Birne

SCHADBILD: Erste Symptome sind dunkelgrüne Flecken, in deren Bereich das Dickenwachstum zurückbleibt. Dadurch Eindellungen bzw. Buckel, die sich verstärken und zur völligen Verkrüppelung der Früchte führen können. Um die Schadstellen häufen sich Steinzellen, die sich braun verfärben und die Frucht wertlos machen.

DETAILBESCHREIBUNG: siehe Seite 65

Apfelwickler (Obstmade)

SCHADBILD: Befallene Früchte fallen vorzeitig ab; im Fruchtinneren ein Fraßgang zum zerstörten Kerngehäuse; meist mit Raupe (Obstmade).

DETAILBESCHREIBUNG: siehe Seite 158

Apfelfruchtstecher

SCHADBILD: an Früchten und teilweise auch an Fruchtstielen oft zahlreiche Fraßlöcher; Früchte fallen vorzeitig ab oder Bildung von trichterförmigen, verkorkten Vertiefungen aus den Fraßstellen.

DETAILBESCHREIBUNG: siehe Seite 156

Apfelsägewespe oder Birnensägewespe

SCHADBILD: **Apfel:** violetter Fraßgang unter der Schale an jungen Früchten bald nach der Blüte, später bogenförmige Verkorkung an der reifen Frucht. **Apfel und Birne:** wenig später junge Früchte mit Bohrlöchern (bis ins Kerngehäuse), aus denen jauchiger Kot austritt; vorzeitiges Abfallen dieser Früchte.

DETAILBESCHREIBUNG: siehe Seite 170

Birnengallmücke

SCHADBILD: Unmittelbar nach der Blüte zeigen befallene Früchte ein rasches Wachstum und eine unnatürlich runde Form, bleiben dann im Wachstum stecken, werden schwärzlich, brechen auf und fallen schließlich vorzeitig ab. Im Inneren der Früchte viele weißliche Maden.

DETAILBESCHREIBUNG: siehe Seite 172

Obstbaumeulen

SCHADBILD: Fraßspuren an Blättern und Früchten durch gelblich grüne bis dunkelgrüne Raupen mit helleren Längsstreifen.

DETAILBESCHREIBUNG: siehe Seite 140

Schadbilder an Trieben, Rinde & Holz

Apfeltriebsucht

SCHADBILD: Der Haupttrieb bleibt in seiner Entwicklung zurück, dafür entwickeln sich zahlreiche steil aufgerichtete, dünne Triebe („Hexenbesen"). Die Triebspitzen sterben oft ab. Blätter verkleinert und oft chlorotisch, Blattränder scharf und unregelmäßig gezähnt, verkürzte Blattstiele. An der Basis von Langtrieben und an Kurztrieben stark vergrößerte Nebenblätter.

DETAILBESCHREIBUNG: siehe Seite 63

Kragenfäule des Kernobstes

SCHADBILD: Am Stamm in der Höhe des Veredelungsknotens bilden sich kleine Faulstellen, die sich vergrößern und innerhalb weniger Monate den gesamten Stammumfang umfassen können. Der innere Holzkörper bleibt intakt. Schwacher Austrieb, das Laub wird chlorotisch und fällt vorzeitig ab. Früchte bleiben klein und geschmacklos; starke, vorzeitige Färbung tritt auf.

DETAILBESCHREIBUNG: siehe Seite 72

Obstbaumkrebs

SCHADBILD: Neuinfektionen an dunklen Verfärbungen und schwachem Einsinken der Rinde erkennbar. Wird der betroffene Ast vom Rindenbrand umgürtet, stirbt der Triebteil oberhalb ab. An älteren Ästen entstehen tief ins Holz reichende Wunden mit wulstigem, überwalltem Rand. Auf abgestorbener Rinde entwickeln sich weiße Sommersporenlager und leuchtend rote Fruchtkörper. **DETAILBESCHREIBUNG:** siehe Seite 50

Blutlaus

SCHADBILD: auffällige watteähnliche Gebilde an Trieben, Zweigen sowie an Ast- und Stammwunden; zusätzlich auch beulenartige Anschwellungen (krebsartige Wucherungen) an den Ästen.

DETAILBESCHREIBUNG: siehe Seite 169

San-José-Schildlaus

SCHADBILD: 1–2 mm große, kreisrunde oder längliche, gelbbraune bis schwarzgraue Schilddeckel, in dicht zusammenhängenden Krusten an der Rinde; Rinde sieht wie mit Asche bestäubt aus, vielfach rissig.

DETAILBESCHREIBUNG: siehe Seite 133

Borkenkäfer

SCHADBILD: schrotschussähnliche, kreisrunde Bohrlöcher in der Rinde, aus denen bei Steinobst Gummi dringt; unter der Rinde oder im Holz Fraßgänge sichtbar.

DETAILBESCHREIBUNG: siehe Seite 147

Weidenbohrer

SCHADBILD: große Bohrlöcher am Stamm, aus denen Bohrmehl und Raupenkot quillt; geschädigte Bäume mit gehemmtem Wachstum, bei starkem Befall Absterben.

DETAILBESCHREIBUNG: siehe Seite 149

Blausieb

SCHADBILD: Welkeerscheinungen; Fraßgang mit Blausieb-Raupe im Inneren der Triebe und Äste; an Trieben und Stämmen auch Bohrloch mit ausgeworfenem Bohrmaterial sichtbar.

DETAILBESCHREIBUNG: siehe Seite 151

Apfelbaumglasflügler

SCHADBILD: Rinde von Befallsstellen wird weich und lässt sich (besonders bei Befall an Veredelungsstellen) schuppig ablösen; an Ausbohröffnungen Austritt von krümeligem Bohrmehlauswurf und klebrigem Saftfluss möglich.

DETAILBESCHREIBUNG: siehe Seite 153

Schadbilder an der ganzen Pflanze

Feuerbrand

SCHADBILD: Triebe erscheinen zunächst fahlgrün, dann plötzliche Welkeerscheinungen und Braun- bis Schwarzfärbungen der Blüten und Blätter. Anschließend vertrocknen die infizierten Partien, die Triebspitzen krümmen sich nach unten. Bei feuchter Witterung tritt aus den Befallsstellen weißlicher, später brauner, tropfenförmiger Bakterienschleim aus.

DETAILBESCHREIBUNG: siehe Seite 67

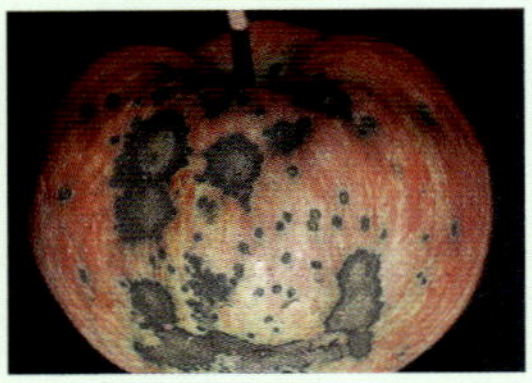

Schorfkrankheit des Kernobstes

SCHADBILD BLÄTTER: samtartige Flecken (bis 1 cm) an Blattoberseite (Apfel) bzw. Blattunterseite (Birne); Zentrum der Schadstellen verdorrt oder vernarbt. Bei zeitigem Befall vergilben die Blätter und fallen ab.

SCHADBILD FRÜCHTE: im Frühjahr braunschwarze Flecken und Rissbildungen der Fruchtschale; bei spätem Befall erst im Lager sichtbar (Lagerschorf).

DETAILBESCHREIBUNG: siehe Seite 69

Birnenverfall

SCHADBILD: ab Frühling oder im Spätsommer Rotverfärbungen des Laubes; bei jungen Bäumen ist das gesamte Laub verfärbt, bei älteren Pflanzen nur das Laub einzelner Äste. Im Frühjahr verspätete, schwache Blattbildung, Aufrollung der Blattränder. Triebe verkürzt, Blütenknospen verbräunen und sterben ab. Verminderter Ertrag durch Kleinfrüchtigkeit.

DETAILBESCHREIBUNG: siehe Seite 66

Apfelmehltau

SCHADBILD: Junge Blätter, Triebspitzen und Blüten sind von einem puderartigen weißen Pilzbelag überzogen. Einzelne weiße Flecken an den Blattunterseiten. Deformierte Blütenblätter und betroffenes Blattwerk vertrocknen und fallen ab – Triebe können bis auf einen kleinen Blattschopf verkahlen. Bei starkem Befall netzförmige Berostungen an den Früchten.

DETAILBESCHREIBUNG: siehe Seite 71

Birnengitterrost

SCHADBILD: bis zu 1 cm große, dunkelgelb bis leuchtend orange gefärbte, klebrige Blattflecke, auf denen sich kleine schwarze Pusteln bilden. Auf der Blattunterseite im Sommer knorpelige braune Gebilde, auf deren Mündungen Gruppen von zarten weißen „Gitterkörbchen" (Aecidien) stehen, die auch an Trieben, Blattstielen und Früchten auftreten können.

DETAILBESCHREIBUNG: siehe Seite 76

Wühlmaus

SCHADBILD: Gelbfärbung des Laubes, Jungbäume locker im Boden und leicht herausziehbar; angenagter, mitunter auch ganz abgebissener Wurzelhals und befallene Wurzeln (Spuren der Nagezähne erkennbar).

DETAILBESCHREIBUNG: siehe Seite 155

Schadbilder an Blättern & Blüten

Bandmosaik der Zwetschke

SCHADBILD: Mitte Juni hellgrüne bis leuchtend gelbe Muster an den Blättern. Entweder entlang den Blattadern, netzartig oder als Eichenblattmuster. Stärke der Symptomausprägung von der Sortenempfindlichkeit und vom Virusstamm abhängig. Schadbild im Frühjahr am deutlichsten sichtbar.

DETAILBESCHREIBUNG: siehe Seite 80

Chlorotisches Blattrollen bei Marille und Pfirsich

SCHADBILD: Symptome vor der Blüte oder im Spätsommer am ehesten zu entdecken. Infizierte Bäume bringen Blätter hervor, bevor sich die Blütenknospen öffnen. Während des Sommers Einrollen der Blattränder. Schneidet man die Triebe an, werden Verbräunungen sichtbar. Blattaufhellungen und Blattchlorosen (ab Juli).

DETAILBESCHREIBUNG: siehe Seite 82

Sprühfleckenkrankheit der Kirsche

SCHADBILD: im Mai bis Juni an den Blattoberseiten zahlreiche winzige, rundliche, unscharf begrenzte rötliche Flecken, die den Blättern ein gesprenkeltes Aussehen verleihen. An den gegenüberliegenden Stellen der Blattunterseite Sporenlager, die als auffallende weiße Beläge sichtbar sind.

DETAILBESCHREIBUNG: siehe Seite 86

Kräuselkrankheit des Pfirsichs

SCHADBILD: kurz nach dem Austrieb blasige Auftreibungen und gelb bis rötlich gefärbte Kräuselungen der Blätter. Auf den Schadstellen samtartiger weißer Belag. Stark befallene Blätter vertrocknen und werden abgeworfen. An den Früchten grünliche bis rote Verfärbungen, selten Fruchtdeformationen.

DETAILBESCHREIBUNG: siehe Seite 87

Zwetschkenrost

SCHADBILD: mosaikartige, kleine gelbe Flecken an der Blattoberseite, braune und schwarze Sporenpusteln an der Blattunterseite. Frühzeitig und stark befallene Blätter vertrocknen und werden abgeworfen. Bei späten Zwetschkensorten wirkt sich die Krankheit negativ auf die Fruchtqualität aus.

DETAILBESCHREIBUNG: siehe Seite 89

Blattbräune der Marille

SCHADBILD: ab Mitte Juni undeutliche helle Flecken, vor allem an den Blatträndern und Blattspitzen. Diese vergrößern sich später, fließen zusammen und können die gesamte Blattspreite bedecken. Gewebe innerhalb der Flecken stirbt ab, verbräunt und vertrocknet. Blattränder rollen sich ein; bei starkem Befall vorzeitiger Laubfall. Früchte werden nur notreif.

DETAILBESCHREIBUNG: siehe Seite 90

Miniermotten

SCHADBILD: Fraßgänge (Minen) zwischen Ober- und Unterseite der Blätter mit jeweils charakteristischer Form für jede Miniermottenart, z. B. Pfennigminiermotte: kreisförmige Minen.

DETAILBESCHREIBUNG: siehe Seite 136

Knospenwickler

SCHADBILD: versponnene junge Blätter und Blütenbüschel, z. T. befressene Blütenknospen und Blätter. Innerhalb der Büschel die Raupen der Knospenwickler.

DETAILBESCHREIBUNG: siehe Seite 146

Blattläuse

SCHADBILD: Einrollen der jungen Blätter, vor allem an den Triebspitzen; manchmal auch Verfärbungen; Hemmung des Triebwachstums.

DETAILBESCHREIBUNG: siehe Seite 182

Kirschblattwespe

SCHADBILD: Oberflächenfraß der Blätter und wie Nacktschnecken aussehende Larven, Blattaderngeflecht bleibt übrig.

DETAILBESCHREIBUNG: siehe Seite 184

Steinobstknospenstecher

SCHADBILD: ähnlich dem Birnobstknospenstecher: befallene Blütenknospen nicht ausgetrieben; Knospeninneres ausgefressen.

DETAILBESCHREIBUNG: siehe Seite 181

Schalenwickler

SCHADBILD: zusammengesponnene Blätter, Skelettier- und Fensterfraß an den Blättern durch Raupen; auch Befall von Früchten.

DETAILBESCHREIBUNG: siehe Seite 138

Schadbilder an Früchten

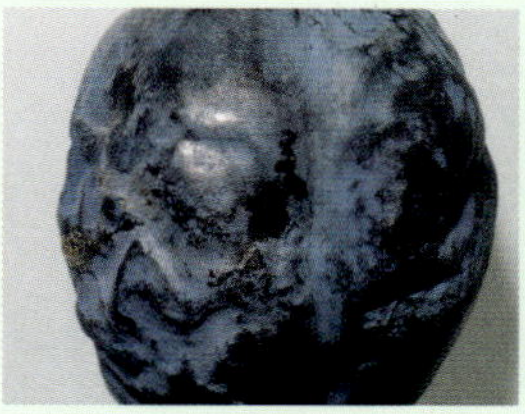

Scharka- oder Pockenkrankheit

SCHADBILD: auf unreifen Früchten ring- oder linienförmige Vertiefungen in der Fruchthaut. Je älter die Früchte, desto deutlicher sichtbar. Das Fruchtfleisch unter diesen Schadstellen ist rotbraun verfärbt, nekrotisiert und neigt zu Gummibildung. Vorzeitiger Fruchtfall. An jungen Blättern ab dem Frühjahr undeutliche Adernaufhellungen oder eichenblattförmige Muster, später Flecken. **DETAILBESCHREIBUNG:** siehe Seite 79

Taschenkrankheit der Zwetschke

SCHADBILD: Jungfrüchte entwickeln sich gleich nach der Blüte zu verkrümmten, flach gedrückten, schotenförmigen Gebilden (Taschen). Diese Taschen sind deutlich größer als gleichaltrige gesunde Früchte. Fruchtfleisch bleibt hart und saftlos. Fruchtoberfläche ist von einem weißlichen Belag überzogen.

DETAILBESCHREIBUNG: siehe Seite 88

Obstbaumeulen

SCHADBILD: Fraßspuren an Blättern und Früchten durch gelblich grüne bis dunkelgrüne Raupen mit helleren Längsstreifen.

DETAILBESCHREIBUNG: siehe Seite 140

Kirschfruchtfliege

SCHADBILD: in der Stielgegend eine bräunlich verfärbte Stelle; Fruchtfleisch um den Kern weich und faulig, im Inneren eine weißliche Made in Kernnähe.

DETAILBESCHREIBUNG: siehe Seite 183

Pflaumenwickler

SCHADBILD: vorzeitiges Reifen der Früchte, missfarbig, gummiartiger Austritt aus den Löchern, zerstörtes Fruchtfleisch in der Umgebung des Kerns und reichlich Kotklümpchen. In Kernnähe Raupe („Pflaumenmade“). Früchte faulen leicht und fallen vorzeitig ab.

DETAILBESCHREIBUNG: siehe Seite 186

Pflaumensägewespe

SCHADBILD: runde Löcher in den noch grünen Früchten, mit feuchtem Kot verstopft. Fruchtfleisch und Kern zerstört, dort auch die Larve. Die geschädigten, ausgehöhlten Früchte fallen ab.

DETAILBESCHREIBUNG: siehe Seite 187

Schadbilder an Trieben, Rinde & Holz

San-José-Schildlaus

SCHADBILD: 1–2 mm große, kreisrunde oder längliche, gelbbraune bis schwarzgraue Schilddeckel, in dicht zusammenhängenden Krusten an der Rinde; Rinde sieht wie mit Asche bestäubt aus, vielfach rissig.

DETAILBESCHREIBUNG: siehe Seite 133

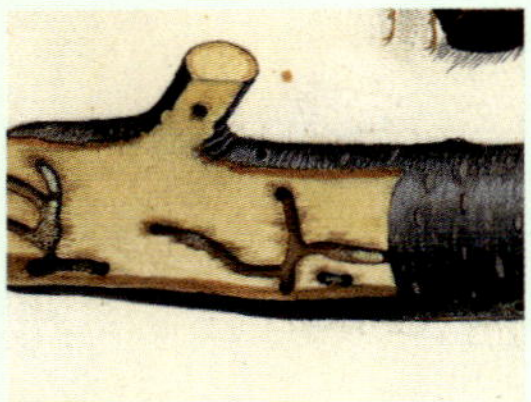

Borkenkäfer

SCHADBILD: schrotschussähnliche, kreisrunde Bohrlöcher in der Rinde, aus denen bei Steinobst Gummi dringt; unter der Rinde oder im Holz Fraßgänge sichtbar.

DETAILBESCHREIBUNG: siehe Seite 147

Weidenbohrer

SCHADBILD: große Bohrlöcher am Stamm, aus denen Bohrmehl und Raupenkot quillt; geschädigte Bäume mit gehemmtem Wachstum, bei starkem Befall Absterben.

DETAILBESCHREIBUNG: siehe Seite 149

Blausieb

SCHADBILD: Welkeerscheinungen; Fraßgang mit Blausieb-Raupe im Inneren der Triebe und Äste; an Trieben und Stämmen auch Bohrloch mit ausgeworfenem Bohrmaterial sichtbar.

DETAILBESCHREIBUNG: siehe Seite 151

Apfelbaumglasflügler

SCHADBILD: Rinde von Befallsstellen wird weich und lässt sich (besonders bei Befall an Veredelungsstellen) schuppig ablösen; aus Ausbohröffnungen Austritt von krümeligem Bohrmehlauswurf und klebrigem Saftfluss möglich.

DETAILBESCHREIBUNG: siehe Seite 153

Schadbilder an der ganzen Pflanze

Gelblaubigkeit (Eisenchlorose)

SCHADBILD: Verschieden starke Aufhellungen und Vergilbungen der Blätter, nur die Blattadern bleiben grün. Verfärbungen zuerst an den jüngsten Blättern sichtbar. Bei sehr starkem Mangel sterben die Blätter vom Rand her ab. Das gesamte Wachstum kann beeinträchtigt sein. An den Früchten starke Ausfärbung.

DETAILBESCHREIBUNG: siehe Seite 45

Gummifluss des Steinobstes

SCHADBILD: an Ästen, Stämmen, Zweigen und Früchten; unter der Rinde oder im Fruchtfleisch kommt es zur Gummibildung. Tritt dieser durch Quellung an die Oberfläche, kommen tropfen- oder klumpenförmige, farblose bis braune Gebilde zum Vorschein, die anfangs weich und klebrig sind und dann verhärten. **DETAILBESCHREIBUNG:** siehe Seite 78

Moniliakrankheit des Steinobstes

SCHADBILD FRUCHTFÄULE: braune Faulstellen, die sich rasch vergrößern und die ganze Frucht umfassen können. Dort entstehen graue oder braune Sporenlager („Polsterschimmel"). Solche Früchte fallen ab oder trocknen ein und bleiben als Fruchtmumien am Baum hängen.

SCHADBILD SPITZENDÜRRE: hauptsächlich an Weichseln und Marillen. Blätter und Blüten an den Triebspitzen welken schlagartig, verfärben sich.

DETAILBESCHREIBUNG: siehe Seite 48

Schrotschusskrankheit des Steinobstes

SCHADBILD: zu Beginn kleine rötliche, scharf abgegrenzte Flecken an den Blättern; diese erreichen später bis zu 5 mm Durchmesser; oft von einer gelben oder roten Zone umrandet. Blattflecken brechen nach einiger Zeit durch und hinterlassen Löcher. An den Früchten eingesunkene, eventuell rot umrandete braune Flecken, die manchmal verkorken.

DETAILBESCHREIBUNG: siehe Seite 84

Goldafter

SCHADBILD: zusammengesponnenes, hühnerei- bis faustgroßes Raupennest an den winterkahlen Bäumen; Fraßspuren an Knospen, Blüten und Blättern, bis zu Kahlfraß.

DETAILBESCHREIBUNG: siehe Seite 144

Pfirsichmotte

SCHADBILD: Triebspitzen welken, vertrocknen und sterben unter Braunfärbung ab; befallene Früchte weisen dunkle, eingesunkene Stellen, meist in Stielnähe, auf; vielfach kommt es zu Gummiaustritt. Fruchtfleisch unterhalb der Schadstelle ist zerstört. **DETAILBESCHREIBUNG:** siehe Seite 188

Kern- und Steinobst
Schadbilder an der ganzen Pflanze

Spinnmilben

SCHADBILD: anfangs punktförmige Aufhellungen an den Blättern, später Vergilben und Abfallen der Blätter; bei starkem Befall blattunterseits ein Gewirr zarter Spinnfäden.

DETAILBESCHREIBUNG: siehe Seite 134

Kleiner Frostspanner

SCHADBILD: Blüten- und Blattknospen entfalten sich nicht; sind teilweise versponnen; Blätter mit Lochfraß; bei stärkerem Befall Kahlfraß möglich.

DETAILBESCHREIBUNG: siehe Seite 142

Blattläuse

SCHADBILD: Einrollen der jungen Blätter, vor allem an den Triebspitzen; manchmal auch Verfärbungen; Hemmung des Triebwachstums.

DETAILBESCHREIBUNG: siehe Seiten 166, 182

Walnuss
Schadbilder an Blättern

Marssonina-Blattfleckenkrankheit der Walnuss

SCHADBILD: eckige oder runde, rötlich braune bis graue Flecken von etwa 5 mm Durchmesser. Die Schadstellen können sich vergrößern und zusammenfließen. Starker Befall bewirkt frühzeitigen Blattfall. An den Früchten dunkle, leicht eingesunkene Stellen auf den grünen Hüllen unreifer Früchte, die sich zum gesunden Gewebe hin scharf abgrenzen. Eventuell Fruchtfall.

DETAILBESCHREIBUNG: siehe Seite 53

Walnusspockenmilbe

SCHADBILD: an der Ober- und Unterseite der Blätter stecknadelkopfgroße Knötchen, die zuerst gelblich grün, später rötlich gefärbt sind.

DETAILBESCHREIBUNG: siehe Seite 160

Schadbilder an der ganzen Pflanze

Welkekrankheit

SCHADBILD: Welken der Pflanzen in Stresssituationen, an den äußeren Blättern beginnend, Herzblätter im Wachstum gehemmt, verkürzte Blatt- und Fruchtstiele. Ausläufer- und Blattbildung ist reduziert. Im Rhizomschnitt braun gefärbte Gefäßbündel.

DETAILBESCHREIBUNG: siehe Seite 95

Rhizomfäule

SCHADBILD: Herzblätter welken schlagartig, verfärben sich oft blaugrün und verbräunen anschließend, nesterweises Auftreten. Innerhalb weniger Tage kollabiert die ganze Pflanze. Im Rhizomschnitt markante Abgrenzung zum gesunden Gewebe.

DETAILBESCHREIBUNG: siehe Seite 97

Rote Wurzelfäule

SCHADBILD: gestauchter Wuchs, nesterweises Auftreten. Hauptwurzeln glatt, kahl und verdickt („Rattenschwanz"), Faserwurzeln fehlen. Im Wurzelanschnitt erscheint der Zentralzylinder der Wurzel rot verfärbt.

DETAILBESCHREIBUNG: siehe Seite 98

Schwarze Wurzelfäule

SCHADBILD: Kümmernde Pflanzen mit kleinen Blättern, Früchte bleiben klein. Gesamtes Wurzelsystem verfault: Schwarz verfärbte Rinde der Hauptwurzeln lässt sich abziehen, der weiße, feste Zentralzylinder bleibt.

DETAILBESCHREIBUNG: siehe Seite 100

Erdbeermilbe

SCHADBILD: gestauchtes Pflanzenwachstum; starke Kräuselung der Herzblätter, Verfärbung und Vertrocknung; nesterweises Auftreten ab April, besonders sichtbar nach der Ernte im August.

DETAILBESCHREIBUNG: siehe Seite 199

Dickmaulrüssler

SCHADBILD: kümmernde, verwelkende Erdbeerpflanzen; Blätter mit typischem Buchtenfraß durch adulte Käfer; im Frühjahr und im Herbst fußlose, elfenbeinfarbige Larven in der Erde des Wurzelbereiches.

DETAILBESCHREIBUNG: siehe Seite 201

Schadbilder an Blättern, Blattstielen & Ausläufern

Erdbeermehltau

SCHADBILD: Blattränder verfärben sich an den Blattunterseiten rot, Blätter nach oben eingerollt. Schwacher Fruchtansatz. Angelegte Früchte bleiben hart und reifen nicht aus.

DETAILBESCHREIBUNG: siehe Seite 101

Eckige Blattfleckenkrankheit

SCHADBILD: eckige, 1–4 mm große Blattflecken bei Gegenlicht durchscheinend und bei Auflicht schwarz. Blattgewebe stirbt großflächig ab und erscheint rotbraun.

DETAILBESCHREIBUNG: siehe Seite 103

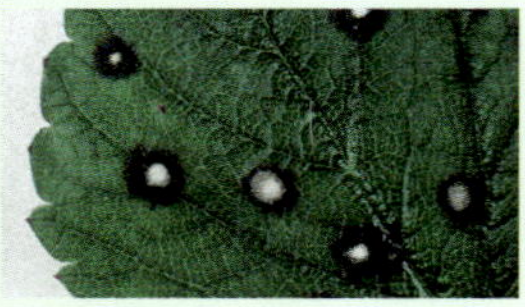

Weißfleckenkrankheit

SCHADBILD: 3–6 mm große, rotviolette Flecken an den Fieder- und/oder Kelchblättern, im Zentrum grau bis weißlich.

DETAILBESCHREIBUNG: siehe Seite 104

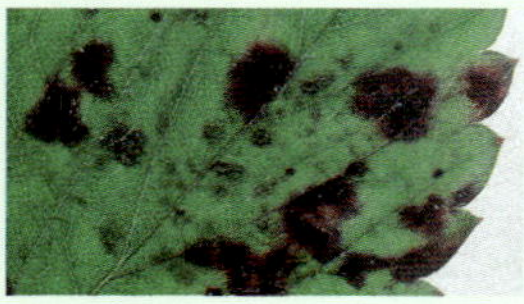

Rotfleckenkrankheit

SCHADBILD: 1–5 mm große, purpurrote Flecken an den Fieder- und/oder Kelchblättern, ohne weißes Zentrum.

DETAILBESCHREIBUNG: siehe Seite 104

Schwarze Fruchtfäule/Anthraknose

SCHADBILD: an Blattstielen und Ausläufern: längliche braune, später schwarze Flecken, die vertrocknen und einsinken. Flecken von rotem Vorhof umgeben, an der Oberfläche u. U. lachsfarbene Sporenlager.

DETAILBESCHREIBUNG: siehe Seite 93

Spinnmilben

SCHADBILD: anfangs punktförmige Aufhellungen an den Blättern, später Vergilben und Abfallen der Blätter; bei starkem Befall blattunterseits ein Gewirr zarter Spinnfäden.

DETAILBESCHREIBUNG: siehe Seite 134

Gelblaubigkeit (Eisenchlorose)

SCHADBILD: Blattaufhellungen, Blattadern bleiben grün. Verfärbungen zuerst an den jüngsten Blättern sichtbar. Bei sehr starkem Mangel sterben die Blätter vom Rand her ab.

DETAILBESCHREIBUNG: siehe Seite 45

Schadbilder an Blüten & Früchten

Erdbeerblütenstecher

SCHADBILD: einzelne geknickte oder durchgebissene Blütenstiele, Blütenknospen vertrocknen und fallen zu Boden.

DETAILBESCHREIBUNG: siehe Seite 200

Graufäule

SCHADBILD: Frucht braun verfärbt, von weicher, wässriger Konsistenz. Befall häufig beginnend an der Kelchregion. Bei feuchtem Wetter entsteht ein grauer Pilzrasen, der die Frucht vollkommen bedeckt.

DETAILBESCHREIBUNG: siehe Seite 91

Schwarze Fruchtfäule

SCHADBILD: Kreisrunde braune, später schwarze Flecken an den Früchten, die tief ins Gewebe einsinken, bei feuchter Witterung entstehen die typischen lachsfarbenen Sporenlager.

DETAILBESCHREIBUNG: siehe Seite 93

Lederfäule

SCHADBILD: zähe, gummiartige Früchte, die sich bei der Ernte ledrig anfühlen und fad bis bitter schmecken.

DETAILBESCHREIBUNG: siehe Seite 97

Erdbeermehltau

SCHADBILD: Verschiedene Infektionszeitpunkte: Blüten sterben ab, schwacher Fruchtansatz. Unreife Früchte bleiben grünbraun und hart. Reife Früchte zeigen eine sehr weiche Konsistenz.

DETAILBESCHREIBUNG: siehe Seite 101

Schadbilder an verschiedenen Pflanzenteilen

Gelblaubigkeit (Eisenchlorose)

SCHADBILD: Blattaufhellungen, Blattadern bleiben grün. Verfärbungen zuerst an den jüngsten Blättern sichtbar. Bei sehr starkem Mangel sterben die Blätter vom Rand her ab.

DETAILBESCHREIBUNG: siehe Seite 45

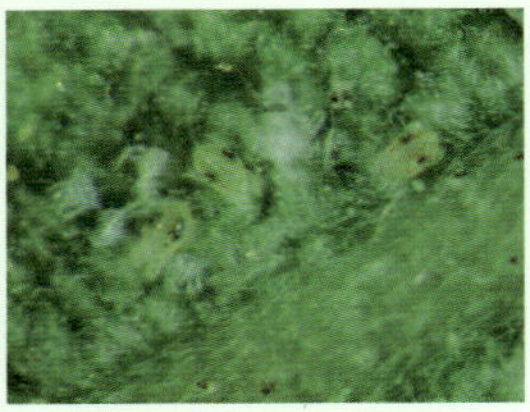

Spinnmilben

SCHADBILD: anfangs punktförmige Aufhellungen an den Blättern, später Vergilben und Abfallen der Blätter; bei starkem Befall blattunterseits ein Gewirr zarter Spinnfäden.

DETAILBESCHREIBUNG: siehe Seite 134

Kleiner Frostspanner

SCHADBILD: Blüten- und Blattknospen entfalten sich nicht; sind teilweise versponnen; Blätter mit Lochfraß; bei stärkerem Befall Kahlfraß möglich.

DETAILBESCHREIBUNG: siehe Seite 142

Blattläuse

SCHADBILD: Einrollen der jungen Blätter, vor allem an den Triebspitzen; manchmal auch Verfärbungen; Hemmung des Triebwachstums.

DETAILBESCHREIBUNG: siehe Seite 190

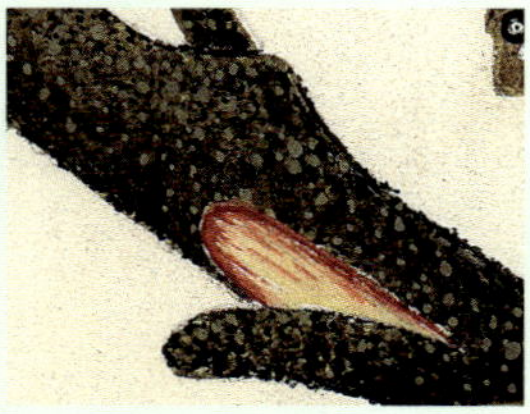

San-José-Schildlaus

SCHADBILD: 1–2 mm große, kreisrunde oder längliche, gelbbraune bis schwarzgraue Schilddeckel, in dicht zusammenhängenden Krusten an der Rinde; Rinde sieht wie mit Asche bestäubt aus, vielfach rissig.

DETAILBESCHREIBUNG: siehe Seite 133

Schadbilder an verschiedenen Pflanzenteilen

Brombeergallmilbe

SCHADBILD: Befallene Früchte bleiben teilweise oder ganz rot, sauer und hart; kleine Gallmilben an den Ansatzstellen der Teilfrüchte sichtbar.

DETAILBESCHREIBUNG: siehe Seite 195

Himbeerkäfer

SCHADBILD: Fraßschäden an Blütenknospen und jungen Blättern; später in den reifen Früchten gelbliche Käferlarven.

DETAILBESCHREIBUNG: siehe Seite 196

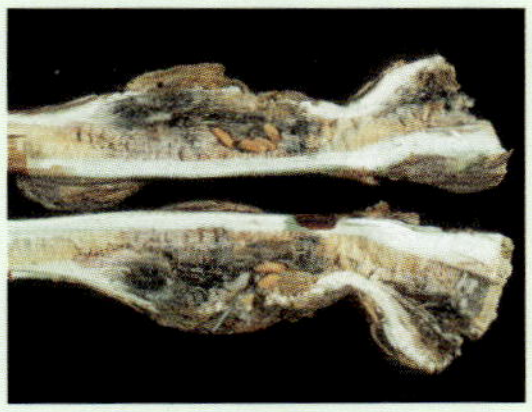

Himbeergallmücke

SCHADBILD: An den Jungruten werden einseitig kugelige Gallen sichtbar. Im Inneren befinden sich im April/Mai orangerote Gallmückenlarven. Die Triebe sterben oberhalb der Gallen ab.

DETAILBESCHREIBUNG: siehe Seite 197

Himbeerrutengallmücke

SCHADBILD: An einjährigen Trieben fallen ab Mai braunviolette, eingesunkene Flecken auf, die sich teilweise vergrößern oder an denen die Rinde aufplatzt. Unterhalb der abgehobenen Rinde entwickeln sich orangerote, 2 bis 3 mm große Larven.

DETAILBESCHREIBUNG: siehe Seite 198

Himbeerrutenkrankheit

SCHADBILD: An der Rinde der Jungruten längliche, braune bis violette Flecken häufig in Bodennähe. Ruten brechen schon unter leichtem Druck. Tragruten rissig, silbrig weiß mit schwarzen Pilzfruchtkörpern.

DETAILBESCHREIBUNG: siehe Seite 115

Brennfleckenkrankheit der Himbeere

SCHADBILD: an den Jungruten runde, violette Flecken mit grauem Zentrum, in das Rindengewebe eingesunken. An den Früchten grau gefärbter Einzelbeerchen zu erkennen.

DETAILBESCHREIBUNG: siehe Seite 116

Wurzelsterben der Himbeere

SCHADBILD: nesterweises Auftreten, Wachstumshemmungen, Absterben der Jung- und Tragruten. Blätter verkleinert, vergilbt. Charakteristische Braunverfärbung an der Rutenbasis. Wurzelsystem schwach, häufig schwarz gefärbt.

DETAILBESCHREIBUNG: siehe Seite 118

Graufäule an Himbeeren und Brombeeren

SCHADBILD: an den Früchten mausgrauer Pilzrasen. An den Jungruten braune Flecken, später darin schwarze Sklerotien. Schwacher Austrieb der Tragruten.

DETAILBESCHREIBUNG: siehe Seite 119

Rostpilze an Himbeeren und Brombeeren

SCHADBILD BROMBEERE: Blattoberseite rötliche Blattflecken; Unterseite: zuerst orangerote, dann braune und schwarze Sporenlager, auch an Ranken.

SCHADBILD HIMBEERE: Gelbe Pusteln an Blattober- und -unterseite, später blattunterseits orangerote bzw. schwarze Sporenlager.

DETAILBESCHREIBUNG: siehe Seite 121

Falscher Mehltau

SCHADBILD: blattoberseits gelbe, später dunkelrote Flecken begrenzt durch die Blattadern. Beeren schrumpfen und vertrocknen. Kränkliches Erscheinungsbild der gesamten Pflanze.

DETAILBESCHREIBUNG: siehe Seite 122

Rankenkrankheit der Brombeere

SCHADBILD: an Ranken rötlich braune Flecken, die ineinander fließen können. Im darauf folgenden Frühjahr schwacher Austrieb, an befallenen Stellen Fruchtkörper des Pilzes als kleine schwarze Punkte.

DETAILBESCHREIBUNG: siehe Seite 123

Holunder • Schadbilder an versch. Pflanzenteilen

Holunderdoldenwelke

SCHADBILD: Welkesymptome am Doldengerüst, einzelne Seitenachsen der Doldenstände verfärben sich dunkelviolett. Typisch ist das Herabfallen von Teilen der Dolde bei der kleinsten Berührung.

DETAILBESCHREIBUNG: siehe Seite 106

Fruchtfäuleerreger an Holunder

SCHADBILD: Knapp vor der Ernte beginnen die Beeren zu welken, bei feuchter Witterung bilden sich auf der Oberfläche die Fruchtkörper des Pilzes mit lachsfarbener Sporenmasse. Im Gegensatz zur Doldenwelke bleibt das Doldengerüst intakt.

DETAILBESCHREIBUNG: siehe Seite 107

Holunder-Gallmilbe

SCHADBILD: eingerollte, gekräuselte Blätter, zum Teil auch rötlich verfärbte Blätter, Deformation der Triebspitzenblätter.

DETAILBESCHREIBUNG: siehe Seite 203

Holunderblattlaus

SCHADBILD: an Trieben Kolonien mit schwarzen Blattläusen, bei starkem Befall Blattdeformationen.

DETAILBESCHREIBUNG: siehe Seite 204

Johannis- & Stachelbeeren
Schadbilder an verschiedenen Pflanzenteilen

Brennnesselblättrigkeit der Johannisbeere

SCHADBILD: Kleine, schmälere Blätter, Blattzähnung weniger ausgeprägt, Anzahl der Hauptblattadern ist verringert. Geringer Fruchtansatz trotz reichlicher Blüte.

DETAILBESCHREIBUNG: siehe Seite 108

Blattrandkrankheit der Johannisbeere

SCHADBILD: Blattränder verfärben sich braun und rollen sich nach oben hin ein. Laubfall kann die Folge sein. Schäden zuerst an den älteren Blättern sichtbar.

DETAILBESCHREIBUNG: siehe Seite 111

Septoria-Blattfleckenkrankheit der Schwarzen Johannisbeere

SCHADBILD: kleine, braune, eckige Blattflecken. Vergilbung und anschließender Laubfall. Ältere Blätter reagieren weniger empfindlich. Besonders in niederschlagsreichen Lagen.

DETAILBESCHREIBUNG: siehe Seite 112

Säulchenrost der Schwarzen Johannisbeere

SCHADBILD: blattunterseits kleine hellgelbe Pusteln, später Blattunterseite von einem lockeren, fädigen rostbraunen Belag überzogen. Blätter werden vorzeitig abgeworfen.

DETAILBESCHREIBUNG: siehe Seite 113

Johannisbeerblattgallmücke

SCHADBILD: zunächst eingerollte Triebspitzen, die zu wachsen aufhören, sich stark kräuseln, braun werden und schließlich absterben. Innerhalb der Blätter mehrere weiß bis gelblich gefärbte Maden.

DETAILBESCHREIBUNG: siehe Seite 192

Johannisbeer(knospen)gallmilbe

SCHADBILD: kugeliges Anschwellen der befallenen Knospen (so genannte Rundknospen); treiben nicht aus, vertrocknen langsam und fallen schließlich ab; kümmerlicher Austrieb möglich.

DETAILBESCHREIBUNG: siehe Seite 191

Johannisbeerglasflügler

SCHADBILD: welkende oder absterbende Triebe, im Inneren von einem schwarzen Gang durchzogen, in dem sich eine weißliche Raupe oder Puppe befinden kann. Aus einer Gangöffnung nach außen dringt schwarzbrauner Kot. Befallene Triebe brechen leicht.

DETAILBESCHREIBUNG: siehe Seite 194

Amerikanischer Stachelbeermehltau

SCHADBILD: Bei Stachelbeeren und Schwarzen Johannisbeeren: weißer Belag an den grünen Trieben, gestauchtes Triebwachstum. An Früchten der Stachelbeere weiße, später braune, pelzige Überzüge, die sich abwischen lassen.

DETAILBESCHREIBUNG: siehe Seite 110

Stachelbeer-Feuerschwamm

SCHADBILD: Besonders an älteren Stachelbeer- und Johannisbeersträuchern: vermindertes Triebwachstum. Im fortgeschrittenen Krankheitsstadium am Stammgrund 4–10 cm große, braunschwarze Fruchtkörper.

DETAILBESCHREIBUNG: siehe Seite 114

Heidelbeeren
Schadbilder an verschiedenen Pflanzenteilen

Anthraknose der Heidelbeere

SCHADBILD: Beeren schrumpfen vor der Reife, an der Oberfläche lachsfarbene Sporentropfen (= Fruchtkörper des Pilzes). Unregelmäßige Flecken an Blättern.

DETAILBESCHREIBUNG: siehe Seite 124

Monilinia-Triebsterben und „Mummy-Berry" an Heidelbeeren

SCHADBILD: Der junge Austrieb welkt schlagartig, die Triebspitzen werden braun und krümmen sich. Reifende Beeren verfärben sich vorzeitig hellbraun, schrumpfen ein und werden hart, Früchte samenlos und ungenießbar.

DETAILBESCHREIBUNG: siehe Seite 125

Godronia-Rindenkrebs der Heidelbeere

SCHADBILD: Rund um die Blattnarben rotbraune, konzentrische Flecken, darauf können die Fruchtkörper des Pilzes als kleine schwarze Punkte sichtbar werden. Befallene Triebe welken, abgestorbene Blätter verbleiben an Trieben.

DETAILBESCHREIBUNG: siehe Seite 126

Botryosphaeria-Zweigkrebs der Heidelbeere

SCHADBILD: An den neu gebildeten Trieben kleine, kreisrunde rötliche Erhebungen. Im darauf folgenden Jahr vergrößern sich diese und fließen ineinander. Die Rinde wird rissig. Die Triebe oberhalb der Krebsstellen sterben ab.

DETAILBESCHREIBUNG: siehe Seite 127

Krankheiten im Obstbau

Ursachen und Maßnahmen

Wenn Pflanzen in ihren Lebensvorgängen gestört sind, reagieren sie auf innere Veränderungen mit äußerlich sichtbaren Symptomen.

Für einen zeitgemäßen und sowohl ökologisch als auch ökonomisch sinnvollen Pflanzenschutz ist es notwendig, den Ursachen einer Pflanzenkrankheit auf die Spur zu kommen, um entsprechende und wirksame Maßnahmen treffen zu können.

Dazu muss man wissen, dass je nach dem Wesen der Einwirkungen, das die Krankheiten verursacht, zwischen nicht parasitären und parasitären Krankheiten unterschieden wird.

Abiotische Faktoren als Krankheitsauslöser

Nicht parasitäre oder physiologische Krankheiten

Die Bedeutung von abiotischen Störungen sollte nicht unterschätzt werden, denn sie können zu erheblichen Schäden führen. Die Bandbreite der Symptome reicht von Blattverfärbungen bis zu Absterbeerscheinungen bzw. bis zu einer latenten Schwächung der Pflanze.

Daneben können solcherart in ihrem Wachstum und ihrer Entwicklung beeinflusste Pflanzen durch ihren Zustand unter Umständen erst die Voraussetzung für einen Befall durch Krankheitserreger schaffen. Typisch für physiologische Krankheiten ist die Tatsache, dass sie nicht „ansteckend" (infektiös) und daher nicht übertragbar sind. Solche Erkrankungen sind auf folgende Ursachen zurückzuführen:

- Ernährungsstörungen (Mangelkrankheiten): Obstpflanzen benötigen für eine ungestörte Entwicklung bestimmte Mengen an Mineralstoffen. Ist einer dieser Stoffe in ungenügender Menge vorhanden bzw. für die Pflanze nicht verfügbar, kommt es zur Ausbildung entsprechender Schadbilder. Andererseits führen zu hohe Mineralstoffgaben ebenfalls zu Störungen der Pflanze, die durch toxische Reaktionen verursacht werden.
- Umwelteinflüsse: Hierzu zählt man witterungsbedingte Störungen (hohe Niederschläge, Trockenheit, Frost, Hitze, Hagel, Wind) sowie Rauchschäden und schädigende Bodeneinflüsse (z. B. Bodenverdichtungen).
- Stoffwechselstörungen
- Kulturfehler
- Spritzschäden

Biotische Faktoren als Krankheitsauslöser

Parasitäre Krankheiten

Unter parasitären Krankheiten versteht man Störungen, die auf Infektionen durch parasitische Erreger zurückzuführen sind.

a) Viruskrankheiten (Virosen)

Viren sind Krankheitserreger von submikroskopischer Größe. Sie haben keinen eigenen Stoffwechsel und können sich nur in der Wirtspflanze ausbreiten und vermehren. Ihre Gestalt kann stäbchenförmig, rund oder fadenförmig sein.

Typische Symptome

Pflanzenpathogene Viren rufen an den jeweiligen Wirtspflanzen oft typische Symptome hervor, die an den Blättern z. B. durch

- Mosaikflecken,
- Formveränderungen oder
- Ringbildungen erkennbar sind und manchmal nur an einem Teil der Pflanze auftreten.

Auch an den Trieben, am Stamm und an den Früchten kann es zur Ausbildung von Virussymptomen kommen und eine ständige Ertragsabnahme kann die Schadbilder begleiten.

Es kommt aber auch vor, dass eine Pflanze von pathogenen Viren befallen ist und trotzdem keine Symptome zu beobachten sind. Man bezeichnet diesen Zustand als latenten Befall. Die Übertragung der Viren erfolgt durch saugende Insekten (v. a. Blattläuse), Pfropfung, Stecklinge, Samen und Pollen.

Vorbeugung und Bekämpfung

Viruskrankheiten können teilweise durch mehrwöchige Wärmebehandlung in Spezialapparaturen zum Stoppen gebracht werden, in einem bestehenden Pflanzenbestand ist eine Heilung allerdings nicht möglich. Aus diesem Grund ist es wichtig, eine Auspflanzung gesunder Pflanzen zu gewährleisten. An Virosen erkrankte Bäume dürfen nicht zur Gewinnung von Saatgut und Reisermaterial dienen und es sollte nur entsprechend gekennzeichnetes und getestetes Material ausgepflanzt werden.

Neben der ausschließlichen Verwendung gesunder Pflanzen kann die Ausbreitung von Viruserkrankungen nur durch rigorose Rodung befallener Bäume hintangehalten werden.

b) Phytoplasmosen

Diese Gruppe von Organismen (Mykoplasmen) ist schon seit längerer Zeit als Krankheitserreger bei Menschen und Tieren bekannt. Sie gehören zu den kleinsten Lebewesen, den niederen Bakterien. In den

Siebröhren und Phloemparenchymzellen infizierter Pflanzen hat man sie in den 60er Jahren des 20. Jahrhunderts entdeckt und als Verursacher wichtiger Pflanzenkrankheiten nachgewiesen. Phytoplasmen haben sowohl Eigenschaften von Viren als auch von Bakterien und sind durch Pfropfung oder saugende Insekten, nicht aber mechanisch übertragbar.

Typische Symptome,

die durch Phytoplasmen hervorgerufen werden, sind:

- Verzwergungen
- Verkürzungen der Internodien
- intensive Entwicklung der Achseltriebe
- Reduzierung der Blattlamina.

c) Bakterienkrankheiten (Bakteriosen)

Nur wenige wirtschaftlich bedeutende Krankheiten im Obstbau sind auf Infektionen durch Bakterien zurückzuführen. Einige dieser Krankheiten (z. B. Feuerbrand) können allerdings zu beträchtlichen Schäden führen und spielen auch als Quarantäneschaderreger eine wichtige Rolle.

Bakterien sind einfache, chlorophyllfreie Organismen mit einer durchschnittlichen Größe von 1 µm (1/1000 mm). Sie sind einzellig, kugelig, spiralig oder stäbchenförmig (die meisten phytopathogenen Arten sind stäbchenförmig). Zum Zweck der Fortbewegung (in Flüssigkeiten) können Bakterien begeißelt sein.

Sie vermehren sich in der Regel vegetativ (also durch Teilung der Zelle), was unter günstigen Bedingungen alle 20 bis 30 Minuten möglich ist. Das bedeutet, dass innerhalb von 24 Stunden aus einem Bakterium mehrere Millionen Nachkommen entstehen können.

Typische Symptome,

die durch phytopathogene Bakterien hervorgerufen werden, sind:

- Welkeerscheinungen
- Verfärbungen und Fleckenbildungen
- Nassfäule
- Ausscheidungen (Bakterienexsudate)
- Formveränderungen (z. B. Tumore).

Man nimmt an, dass das Eindringen durch eine intakte äußere Zellwand der Pflanze für Bakterien nicht möglich ist. Die Erreger gelangen über Wurzelhaare, Narben der Blüten oder Wunden (Frostschäden, Insektenstiche, ...) in die Pflanze, begeißelte Bakterien nutzen auch natürliche Öffnungen (Stomata, Lentizellen) als Eintrittspforten. Die Übertragung der Bakterien von Pflanze zu Pflanze erfolgt durch Menschen und Tiere, Boden, Pflanzenreste, Bearbeitungsgeräte (!), Wind und Regen.

Der eindeutige Nachweis von Bakteriosen kann (außer bei einigen sehr charakteristischen Symptomen) nur im Labor erfolgen.

Vorbeugung und Bekämpfung

Die Bekämpfung von Bakterienkrankheiten ist schwierig und erfolgt primär durch vorbeugende Maßnahmen wie:

- Verwendung von gesundem Pflanzgut bzw. resistenter Sorten
- Vermeidung von Wunden
- weit gestellte Fruchtfolge
- Beseitigung erkrankter Pflanzen.

Der Einsatz von chemischen Pflanzenschutzmitteln (v. a. Kupferpräparate sowie bestimmte synthetische Fungizide) ist nur teilweise erfolgreich.

d) Pilzkrankheiten (Mykosen)

Pilze sind eine sehr artenreiche Gruppe von Organismen, von denen ein großer Teil saprophytisch oder parasitisch auf Pflanzen oder deren Rückständen lebt. Der überwiegende Teil der Krankheiten an Obstpflanzen ist auf Pilzinfektionen zurückzuführen, sie nehmen daher eine wichtige Stellung bei Pflanzenschutzstrategien im Obstbau ein.

Da Pilze chlorophyllfreie, heterotrophe (also nicht zur Assimilation fähige) Organismen sind, brauchen sie für ihre Ernährung und zur Energieversorgung organisches Material. Phytopathologische Pilze leben in der Pflanze oder an deren Oberfläche und ernähren sich von ihr. Sie wachsen auf geeigneten Substraten bei Temperaturen von 0 bis 35 °C und können sich sowohl geschlechtlich als auch ungeschlechtlich vermehren.

Für die Keimung und Infektion brauchen Pilzsporen (das sind die Organe, die der Verbreitung dienen) Wasser bzw. eine wasserdampfgesättigte Atmosphäre. Herrschen zusätzlich hohe Temperaturen, ist die Gefahr von Pilzinfektionen (während der entsprechenden Entwicklungsstufe der Wirtspflanze und des Erregers) akut.

Im Gegensatz zu Viren und Bakterien sind zahlreiche Pilze in der Lage, aktiv in die intakte Oberfläche der Pflanze einzudringen, sie nützen aber ebenfalls Wunden und natürliche Öffnungen als Eintrittspforten. Die Zeitspanne zwischen der Keimung des Pilzes bis zu dem Zeitpunkt, da er in einem stabilen Verhältnis zur Wirtspflanze steht, nennt man Infektion.

Unter der Inkubationszeit versteht man den Krankheitsabschnitt ab der Infektion bis zum Sichtbarwerden der ersten Symptome. Ist diese Phase verstrichen, werden an der infizierten Pflanze die Krankheitsmerkmale sichtbar und der Zustand der eigentlichen Erkrankung ist erreicht.

Witterungsbedingungen spielen nicht nur beim Zustandekommen eines parasitischen Verhältnisses, sondern auch im weiteren Verlauf eine entscheidende Rolle. Mit Hilfe spezieller Messgeräte können Temperatur, Luftfeuchtigkeit, Licht, Niederschlag und Wind im blattnahen Bereich erfasst werden (Mikroklima) und stellen damit die Basis so genannter Prognosemodelle dar, die die Wahrscheinlichkeit und Stärke einer Infektion berechnen können (z. B. für Apfelschorf).

Die Übertragung der Pilze von Pflanze zu Pflanze erfolgt durch aktives Wachstum (Pilze in der Wurzelregion), vor allem aber durch Transportmittel wie Wind und Wasser (Regen, Bewässerung).

Besonders in feuchten Jahren bzw. in entsprechenden Lagen können die Verluste, die durch Pilzkrankheiten verursacht werden, sehr bedeutend sein. Entsprechende Maßnahmen sind daher unerlässlich.

Vorbeugung und Bekämpfung

Wichtige vorbeugende Maßnahmen, die Krankheiten vermeiden können und die Widerstandsfähigkeit der Pflanze erhöhen:

- Wahl des geeigneten Standortes und der richtigen Sorte (Sortenanfälligkeiten beachten!)
- ausgeglichene Wasserversorgung
- sorgfältige Düngung (einseitige Stickstoffdüngung kann die Anfälligkeit erhöhen)
- Schnitt und Bodenbearbeitung.

Sollten alle diese Kulturmaßnahmen nicht ausreichend wirksam sein und ist nach Beobachtung der Obstkultur ein entsprechender Schaden durch Pilzinfektionen zu erwarten, ist (zumindest im Erwerbsobstbau) ein fachgerechter Einsatz von Fungiziden (Präparate gegen pilzliche Krankheitserreger) sinnvoll.

Der Einsatz des Pflanzenschutzmittels zum richtigen Zeitpunkt (Warndienste beachten!) ist Voraussetzung für den Bekämpfungserfolg. Man unterscheidet nach dem Anwendungszeitpunkt so genannte vorbeugende oder prophylaktische („Belagsmittel") und „heilende" oder kurative Präparate. Letztere greifen den Pilz kurz nach seinem Eindringen in das pflanzliche Gewebe an und stoppen damit die weitere Entwicklung ab. Man kennt heute drei Gruppen von Fungiziden:

Anorganische Fungizide
Zu dieser Gruppe werden die Kupfer- und Schwefelpräparate gerechnet. Die Anwendung von Netzschwefel ist besonders bei der Behandlung von Mehltaupilzen nach wie vor beliebt, da sie kostengünstig ist und keine Resistenzen zu erwarten sind. Wegen möglicher negativer Beeinflussung von Nützlingen ist die Menge des ausgebrachten Schwefels im integrierten und biologischen Obstbau allerdings limitiert.

Kupferpräparate werden wegen ihrer breiten Wirksamkeit gerne angewandt, jedoch ist ihr Einsatz aus ökologischen Gründen (Regenwurmtoxizität) und wegen der Gefahr von Blattverbrennungen und Fruchtberostungen zu bestimmten Zeitpunkten nicht gefahrlos.

Organisch synthetische Fungizide
Diese Pflanzenschutzmittel sind bei sachgemäßer Anwendung gut pflanzenverträglich und haben ein breites Wirkungsspektrum. Gelegentlich können Mischungen bestimmter Fungizide untereinander bzw. mit Insektiziden zu phytotoxischen Reaktionen an der Pflanze führen. Nicht alle Präparate dieser Gruppe sind als nützlingsschonend einzustufen und sollten daher nur nach Ausschöpfung anderer Möglichkeiten angewandt bzw. sollte ihr Einsatz limitiert werden.

Systemische Fungizide

Die Pflanzenschutzmittelforschung hat gerade auf dem Gebiet der systemischen Fungizide in den letzten Jahren einige neue Präparate hervorgebracht. Diese Fungizide dringen in die Pflanze ein und werden in ihr weitertransportiert. Entgegen der weitläufigen Meinung, die Verbreitung erfolge in der gesamten Pflanze und biete daher einen dementsprechenden Schutz, ist zu sagen, dass es sich im Obstbau lediglich um eine teilsystemische oder lokalsystemische Wirkung handelt. Das heißt, der Transport des Fungizides erstreckt sich auf geringe Entfernungen (also z. B. innerhalb des Blattes oder Teile der Frucht).

Interessant ist der Einsatz systemischer Präparate dank der kurativen Wirkung mancher dieser Mittel. Ein ganz gezielter Einsatz ist damit möglich geworden. In jüngster Vergangenheit mehren sich die Gerüchte und Nachweise von Resistenzerscheinungen, die durch unkontrollierte und oftmalige Anwendung systemischer Fungizide verursacht wurden. Das bedeutet, dass die Wirkung dieser Präparate nachgelassen hat oder sogar eine völlige Unwirksamkeit beobachtet wurde.

An dieser Stelle wird daher darauf hingewiesen, dass die empfohlene Dosierung der Präparate unbedingt eingehalten werden sollte, da sowohl Über- als auch Unterdosierungen Resistenzen fördern.

Darüber hinaus ist der Wechsel mit so genannten Belagsmitteln (die nicht in die Pflanze eindringen) unbedingt zu empfehlen, um Resistenzen vorzubeugen.

Fruchtberostung

Auftreten, Bedeutung

Gelten Berostungen der gesamten Fruchtschale bei manchen Sorten als erwünschtes Sortenmerkmal (z. B. 'Bosc's Flaschenbirne'), so stellen Fruchtberostungen bei normalerweise glattschaligen Sorten (z. B. 'Golden Delicious') eine Minderung der äußeren Qualität dar.

Krankheitsbild

An den Früchten:

- Auf der Fruchthaut bilden sich braune, raue Stellen, die flächig, netzartig oder ringförmig sein können.

Krankheitsursache

Berostungen entstehen, wenn die Epidermiszellen der Frucht in der Zeit der Zellteilung durch Verletzungen absterben. Dort, wo die Wachsschicht der Fruchtschale aufreißt (und damit ein gewisser Schutz wegfällt), bildet sich ein korkartiges Wundgewebe, das sich zu Fruchtberostungen weiterentwickelt.

Fruchtberostung

Verschiedene Ursachen sind für die Korkbildung verantwortlich:

- Fruchtberostungen werden durch Kälteeinwirkung (Temperaturen unter +4 °C) in der Phase der Zellvermehrung der jungen Früchte gefördert. Man nimmt an, dass niedrige Temperaturen in den Früchten Vorbedingungen für Berostungen schaffen. Die Umweltbedingungen in den nachfolgenden Wochen entscheiden über das Ausmaß der Berostung.
- mechanische Verletzungen
- Spätfröste (Frostringbildung)
- Kali- oder Bormangel
- Virusinfektionen
- Apfelmehltau führt zu netzartigen Berostungen.
- Pflanzenschutzmittel (v. a. Kombinationen mehrerer Präparate)
- Zum Unterschied zu physiologischen Berostungen entstehen die Schäden nur an den exponierten Stellen der Früchte.

Physiologische Berostung entsteht innerhalb von 30 Tagen nach der Blüte, Ursachen sind:

- hohe Luftfeuchtigkeit, Regen oder Tau
- hohe Temperaturen
- zu hohe Stickstoffdüngung.

Pflanzungen in der Nähe von Gewässern, in Talsohlen und eingeschlossenen Lagen sind daher mehr gefährdet.

Es bestehen große Sortenunterschiede hinsichtlich der Berostungsanfälligkeit. Je höher der Giberellingehalt junger Früchte ist, desto weniger Berostung tritt auf.

Vorbeugende Maßnahmen

- keine Pflanzung empfindlicher Sorten in gefährdeten Lagen
- ausreichende Wasserversorgung
- Vermeidung von Verletzungen (Hagelschutz)
- Frostschutz
- Keine Kronenberegnung durchführen.

Direkte Maßnahmen

- Vorsicht beim Einsatz von Pflanzenschutzpräparaten in der Zeit nach der Blüte
- Einsatz berostungshemmender Präparate ab der Blüte

Gelblaubigkeit (Eisenchlorose)

Auftreten, Bedeutung

Bei empfindlichen Obstarten (z. B. Erdbeere, Himbeere, Birne auf Quittenunterlage, Pfirsich auf arteigenem Sämling) bzw. Obstsorten können erhebliche Verluste (durch verschiedene Absterbeerscheinungen) auftreten.

Krankheitsbild

An den Blättern:

- Verschieden starke Aufhellungen und Vergilbungen der Blätter, nur die Blattadern bleiben grün.
- Die Verfärbungen werden zuerst an den jüngsten Blättern sichtbar.
- Bei sehr starkem Mangel sterben die Blätter vom Rand her ab.
- Das gesamte Wachstum kann beeinträchtigt sein.

An den Früchten:

- starke Ausfärbung

Krankheitsursache

Obwohl die Pflanzen nur sehr geringe Mengen Eisen benötigen, nimmt dieser Nährstoff eine so zentrale Rolle in ihrem

Stoffhaushalt ein, dass sich ein Fehlen schnell bemerkbar macht.

In den meisten Fällen ist zwar genügend Eisen in unseren Böden vorhanden, doch kommt es häufig zu Störungen bei der Aufnahme bzw. beim Transport in der Pflanze. Bei Pflanzungen auf kalkreichen Standorten (hoher pH-Wert) sind Mangelerscheinungen („Kalkchlorose") häufig zu finden, da die Eisenionen in diesen Böden in schwer löslichen Verbindungen vorliegen.

Da für die Entstehung solcher komplexer Verbindungen unter anderem Wasser notwendig ist, ist die Chlorose oft an denjenigen Blättern deutlich sichtbar, die nach Niederschlägen entstanden sind.

Bäume auf schweren, undurchlässigen Böden mit stauender Nässe sind besonders gefährdet.

Vorbeugende und direkte Maßnahmen

- Einsaat von Gründüngungspflanzen bei offenen Böden
- Einsatz von Blattdüngern mit Eisenchelaten ab Ende der Blüte bzw. beim Auftreten erster Symptome
- Lanzendüngung mit Eisenchelaten

Wurzelkropf

Erreger: *Agrobacterium tumefaciens* (Sm. et Towns.) Conn.

Auftreten, Bedeutung

Der Wurzelkropf ist in erster Linie eine Erkrankung junger Bäume. In Baumschulen ist er daher besonders gefürchtet, denn er kann große Schäden verursachen. Befallene Pflanzen dürfen nicht verkauft werden! (Auch das Abschneiden der Kröpfe vor dem Verkauf bewirkt keine Heilung der Pflanze, da die Bakterien im Inneren der Pflanzen in den Leitungsbahnen leben.)

Durch die Beeinträchtigung der Wasser- und Nährstoffzufuhr reichen die Auswirkungen bei Jungpflanzen von Wachstumsstörungen bis zum völligen Absterben. Ein Befall an älteren Bäumen führt nicht unbedingt zu Ertragsverlusten. Der Krankheitserreger ist im Obstbau weit verbreitet, tritt aber bevorzugt bei Apfel, Birne, Himbeere und Brombeere auf.

Krankheitsbild

Am Stammgrund und an den Wurzeln:

- Die anfangs weichen, hellbraunen bis weißlichen, glatten Tumorbildungen verholzen später, die Oberfläche zerklüftet und verfärbt sich dunkelbraun.
- Die schnell wachsenden, knolligen, knotigen Wurzelkröpfe können an älteren Bäumen bis zu Kindskopfgröße erreichen.

Krankheitserreger

Das Bakterium, das die Krankheit hervorruft, gehört zu den typischen Wundparasiten. Es dringt vom Boden aus über Wunden oder Atemporen in die Pflanze ein und induziert dort Tumore.

Durch verrottende Wucherungen gelangen die Erreger wieder in den Boden, wo sie einige Jahre überleben können. Selbst kleinste Verletzungen an den unterirdischen Pflanzenteilen stellen neuerliche Eintrittspforten dar. Die Kröpfe zerfallen im Herbst manchmal ganz, im darauf folgenden Jahr bilden sie sich aber an denselben Stellen wieder.

Die Schädigung der Pflanzen besteht vor allem in der rein mechanischen Hemmung der Wasser- und Nährstoffzufuhr.

Vorbeugende Maßnahmen

- Nasse, schwere Böden als Standorte vermeiden.
- Bäume vor dem Einpflanzen auf Wurzelkröpfe untersuchen, befallene Pflanzen nicht einsetzen.
- Fruchtwechsel in der Baumschule (keine Zuckerrüben als Zwischenfrüchte!)
- Nach Wurzelschnitt sollte mit dem Einpflanzen der Bäume abgewartet werden: Apfel 2 Tage, Birnen 7 bis 10 Tage. Während dieser Zeit kann sich ein natürlicher Wundverschluss bilden.

Direkte Maßnahmen

- In der Baumschule sind die erkrankten Pflanzen zu verbrennen und die verwendeten Geräte zu desinfizieren. Sofern wirtschaftlich vertretbar, ist eine chemische Bodenentseuchung zu überlegen.

Wurzelkropf-Schadbild an den Wurzeln

Moniliakrankheit des Kern- und Steinobstes

Erreger: *Monilinia fructigena* Honey; *Monilinia laxa* (Aderh. & Ruhl.) Honey; *Monilinia fructicola* (Winter) Honey

Monilinia fructigena und *Monilinia laxa* sind in Europa heimische Arten, die im Kern- und Steinobstbau verschiedene Schadbilder verursachen. *Monilinia fructicola* ist eine nahe verwandte Art, die in Übersee weit verbreitet ist und in Europa den Status einer Quarantänekrankheit besitzt. Sie wurde in Österreich 2002 erstmals nachgewiesen und ist visuell und mikroskopisch nicht von den beiden anderen Arten zu unterscheiden.

Nur eine molekularbiologische Untersuchung im Labor erlaubt die eindeutige Unterscheidung.

Auftreten, Bedeutung

Durch Spitzendürre und Zweigsterben und daraus folgendem Gummifluss können beim Steinobst große Ernteverluste entstehen. Die Monilia-Fruchtfäule ist eine der häufigsten Lagerkrankheiten. Das Auftreten von *Monilinia fructicola* ist meldepflichtig. Bei Auftreten sofort den Österreichischen Pflanzenschutzdienst verständigen!

Krankheitsbild

Spitzendürre: häufiger bei Steinobst, kommt vornehmlich an Weichseln (besonders an Schattenmorellen) und Marillen, seltener aber auch an Äpfeln (z. B. 'James Grieve', 'Alkmene') vor.

- Blätter und Blüten an den Trieb- und Zweigspitzen welken schlagartig, verfärben sich braun bis grau und vertrocknen.

Rindenbrand und Zweigsterben:

- Wenn Infektionen von den Früchten auf die Triebe übergehen, sterben diese ab und bewirken ein Schadbild, das dem durch Frostschaden gleicht.

Fruchtfäule:

- braune Faulstellen, die sich rasch vergrößern und die ganze Frucht befallen können. Dort entstehen graue oder braune, in konzentrischen Ringen angeordnete Sporenlager („Polsterschimmel").
- Solche Früchte fallen ab oder trocknen ein und bleiben als Fruchtmumien am Baum hängen.
- Unter Lichtabschluss (am Lager) entsteht bei Äpfeln die so genannte „Schwarzfäule": Die gesamte Fruchtschale wird ledrig und verfärbt sich glänzend schwarz.

Krankheitserreger

Die Erreger überwintern in den erkrankten Zweigen oder auf den Fruchtmumien in Form von Dauerkörpern. Zu Ende des Win-

Spitzendürre an der Weichsel (Monilinia laxa)

ters bilden sich Sporenlager, aus denen Konidien entlassen werden. Durch Insekten oder Wind werden diese auf die Blütenorgane verfrachtet. Die Infektion der Früchte erfolgt ausschließlich durch sich berührende Früchte oder über Wunden (feine Risse in der Fruchtschale genügen).

Am Lager entwickelt sich die Fäule auf frisch eingelagertem Obst. Die Früchte verderben innerhalb weniger Tage.

- Erkrankte Früchte nicht einlagern.
- Einsatz genehmigter Fungizide bei anfälligen Sorten:
  Blütenmonilia: 2–3 Behandlungen kurz vor und während der Blüte
  Fruchtmonilia: Je reifer die Früchte, umso empfindlicher werden sie; Behandlungen während der letzten vier Wochen vor der Ernte (Wartefristen beachten!)

Vorbeugende Maßnahmen

- Keine Marillensorten pflanzen, die zum Aufspringen neigen.
- Bei zu dichtem Behang Fruchtausdünnung vornehmen.
- Alle Maßnahmen treffen, die Verletzungen verhindern: Bekämpfung von tierischen Schädlingen (z. B. Apfel- und Pflaumenwickler, Kirschfliege, Sägewespe, Wespen) und Schorf. Bei der Ernte und Sortierung Früchte vorsichtig behandeln.

Direkte Maßnahmen

- Befallene Triebspitzen vor der Blüte abschneiden, faulende Früchte laufend entfernen und vernichten.

Fruchtfäule

Obstbaumkrebs

Erreger: *Nectria galligena* Bres.

Auftreten, Bedeutung

In Lagen mit hohen Sommerniederschlägen können anfällige Sorten stark geschädigt werden, was bei jungen Bäumen sogar zu Totalausfällen führen kann.

Krankheitsbild

An Trieben:

- Die Neuinfektionen sind an den dunklen Verfärbungen und dem schwachen Einsinken der Rinde an den betroffenen Stellen erkennbar.
- Wird der betroffene Trieb oder Ast vom Rindenbrand umgürtet, stirbt der oberhalb befindliche Triebteil ab.
- An den älteren Ästen entstehen tief ins Holz reichende Wunden mit wulstigem, überwalltem Rand.
- Durch eine Wechselwirkung zwischen Frost und Aktivität des Pilzes können offene Wunden entstehen.
- Auf der bereits abgestorbenen Rinde entwickeln sich weiße Sommersporenlager und leuchtend rote Fruchtkörper des Erregers.

An Früchten:

- Von der Stiel- oder Kelchgrube bzw. von Schorfflecken ausgehend bilden sich scharf begrenzte braune Faulstellen, die allmählich die gesamte Frucht überziehen.

Krankheitserreger

An den älteren Krebsstellen bilden sich während des ganzen Jahres Fruchtkörper (bereits ab 0 °C). Sind diese ausreichend durchfeuchtet, so werden reife Ascosporen

Schadbild an älterem Ast

Schadbild einer Neuinfektion

ausgeschleudert und durch Luftströmungen auch über größere Entfernungen verfrachtet. Besonders an Wunden, Schnittstellen und Blattnarben findet der Erreger Angriffsflächen, von wo aus er weiter ins Holz vordringt und dieses abtötet. In der wärmeren Jahreszeit (v.a. Juli bis September) werden aus den polsterförmigen Lagern an den jungen Krebswunden nach Niederschlägen die Sommersporen entlassen, die für die Verbreitung im Baum verantwortlich sind.

Vorbeugende Maßnahmen

- Behandlungen mit Kupferpräparaten oder synthetischen Fungiziden zur Zeit des Laubfalles verhindern, dass der Pilz über die Blattnarben ins Holz eindringt.
- Alle Maßnahmen, die das Triebwachstum fördern, sind zu vermeiden.
- Sortenwahl beachten!
  Anfällige Sorten: 'Gravensteiner', 'Idared', 'McIntosh', 'Cox Orange', 'James Grieve', 'Klarapfel', 'Alkmene', 'Freiherr von Berlepsch', 'Elstar'

Direkte Maßnahmen

- Entfernung aller Krebsstellen und sofortige Vernichtung des Holzes (Triebe unterhalb der Befallsstellen zurückschneiden und Krebsstellen bis ins gesunde Holz ausschneiden.)

Entstandene Wunden sollten sofort mit Wundverschlussmittel bestrichen werden.

Rußflecken- und Fliegenschmutzkrankheit

Erreger: *Gloeodes pomigena* (Schwein.) Colby
Schizothyrium pomi (Mont. ex Fr.) v. Arx

Auftreten, Bedeutung

Da beide Erreger nur an der Oberfläche der Früchte wachsen, sind Verluste ausschließlich einer verminderten äußeren Fruchtqualität zuzuschreiben. In Anlagen, in denen kein Einsatz synthetischer Fungizide erfolgt, kommt es in niederschlagsreichen Jahren vor allem bei Spätsorten zu massivem Auftreten.

Rußfleckenkrankheit

Krankheitsbild Rußfleckenkrankheit

An den Früchten:

- Unregelmäßige, verwaschene, schattenartige olivgrüne bis schwarze Flecken werden an der Fruchtschale sichtbar.

Krankheitsbild Fliegenschmutzkrankheit

An den Früchten:

- Meist in Gruppen erscheinen an den fast reifen Früchten glänzende, scharf abgegrenzte, runde schwarze Fleckchen, die sich durch Abreiben entfernen lassen.

Krankheitserreger

Die Erreger überwintern als Fruchtkörper und Myzel an infizierten Trieben von Apfelbäumen oder diversen Waldbäumen.

Primärinfektionen kommen im Frühjahr oder Frühsommer zustande. Von dort ausgehende sekundäre Infektionen sind bis zum Herbst möglich. Niederschläge, hohe Luftfeuchtigkeit sowie Temperaturen um 20 °C fördern die Entwicklung des Pilzes. Weitere Wirtspflanzen des Erregers sind Himbeer- und Brombeerpflanzen.

Vorbeugende Maßnahmen

- Durch geeignete Schnittmaßnahmen Möglichkeiten zur raschen Abtrocknung der Blätter (nach Niederschlägen) schaffen.
- Fruchtausdünnung vornehmen.
- In eingeschlossenen Lagen ist eine Abschlussspritzung ratsam.

Direkte Maßnahmen

- Separate Fungizidbehandlungen sind normalerweise nicht notwendig, da die Erreger mit den Schorfspritzungen mitbehandelt werden (Sterolsynthesehemmer sind allerdings wirkungslos).

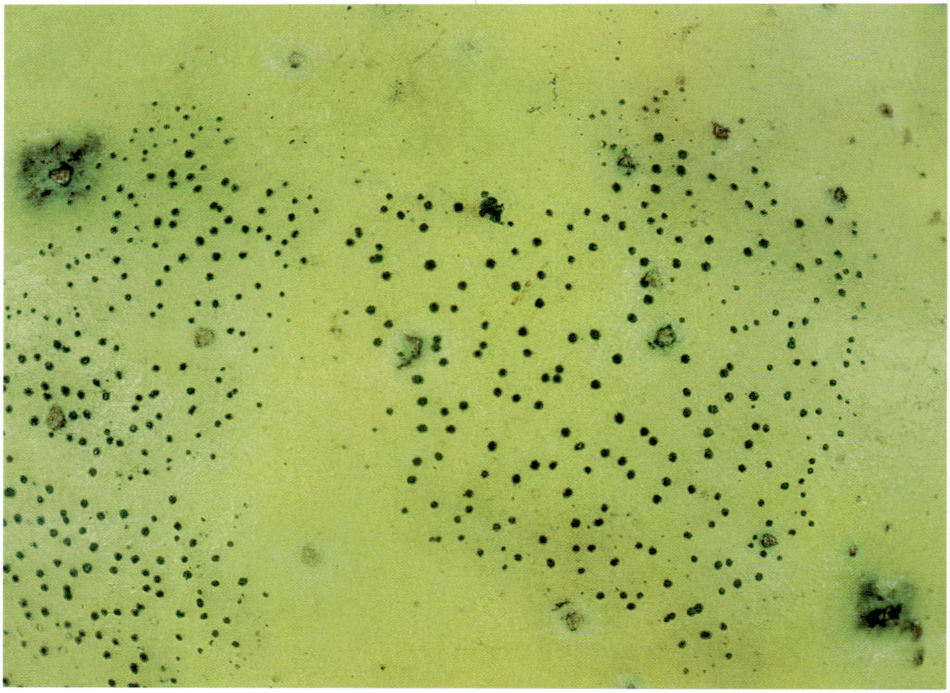

Fliegenschmutzkrankheit

Marssonina-Blattfleckenkrankheit der Walnuss

Erreger: *Gnomonia leptostyla* (Fr.) Ces. et de Not.

Auftreten, Bedeutung

In Gebieten oder Jahren mit hohen Niederschlägen können schwere wirtschaftliche Schäden auftreten. Die Verluste entstehen sowohl durch die Schwächung des Baumes als auch durch Ertragseinbußen.

Krankheitsbild

An den Blättern:

- eckige oder runde, rötlich braune bis graue Flecken von etwa 5 mm Durchmesser; die Schadstellen können sich vergrößern und zusammenfließen.
- Starker Befall bewirkt frühzeitigen Blattfall, der zur völligen Entlaubung führen kann.

An den Früchten:

- dunkle, leicht eingesunkene Stellen auf den grünen Hüllen der noch unreifen Früchte, die sich zum gesunden Gewebe hin scharf abgrenzen.
- eventuell Fruchtfall

An den Trieben:

- In seltenen Fällen treten an den grünen Trieben unregelmäßige graubraune Läsionen mit dunklem Rand auf (kommt gelegentlich in Baumschulen vor).

Krankheitserreger

Der Pilz überwintert vor allem in infizierten Blättern und Früchten. Dort entwickeln sich Schlauchfruchtkörper, aus denen bei Niederschlägen im Frühjahr Schlauchsporen ausgeschleudert werden. Durch Wind gelangen die Sporen auf die jungen Blätter und rufen Primärinfektionen hervor. An den Infektionsstellen werden einige Zeit später Konidien produziert. Mit Regentropfen werden sie weiterverfrachtet und können so nach und nach die ganze Baumkrone infizieren.

Vorbeugende Maßnahmen

- Entfernung und Vernichtung des Falllaubes
- Einsatz vorbeugender Fungizidbehandlungen (synthetische Fungizide oder Kupferpräparate) zwischen Blattaustrieb und Ende Juni

Starker Befall bewirkt frühzeitigen Blattfall

Schadbild an Blättern und Früchten

Krankheiten im Detail: Kernobst

Fleischbräune

Auftreten, Bedeutung

Wegen des ähnlichen Schadbildes werden unter dem Begriff „Fleischbräune" verschiedene physiologische Erkrankungen des Fruchtgewebes zwischen Schale und Kernhaus zusammengefasst. Alle können zu großen Verlusten führen und sind daher in ihrer Bedeutung nicht zu unterschätzen.

Krankheitsbild

An den Früchten:

- Einige Zeit nach der Einlagerung beginnt das Fruchtgewebe weich zu werden und sich zu verbräunen, wobei die dunkler gefärbten Gefäßbündel sich netzartig hervorheben.
- Die Übergänge zwischen krankem und gesundem Gewebe sind verschwommen.
- Im Anfangsstadium sind das Kernhaus und die Fruchtschale noch nicht betroffen, später breitet sich die Erkrankung aus und ist dann auch äußerlich an den dunkleren, durch die Haut durchscheinenden Partien erkennbar.

Krankheitsursache

Die Symptome der Fleischbräune entstehen als Folge von Veränderungen im Stoffwechselablauf, wodurch die Zellen geschädigt werden und schließlich absterben. Die Altersfleischbräune tritt vorwiegend bei zu reif geernteten Früchten auf bzw. wenn durch schlechte Lagerbedingungen oder verzögerte Einlagerung eine Nachreifung am Lager stattfindet.

Dagegen tritt die Kältefleischbräune auch bei nicht überreifen Äpfeln auf. Da verschiedene enzymatische Stoffwechselreaktionen durch die Temperatur in ihrer Geschwindigkeit gesteuert werden, kann es bei Absenkung der Temperatur zu einem Säureüberschuss und damit zu Gewebeschäden kommen. Kälteempfindliche Apfelsorten (z. B. 'Cox Orange', 'Jonathan' oder 'Boskoop') sollten daher nicht unter 3,5 °C gelagert werden.

Vorbeugende Maßnahmen

- Für ein ausgeglichenes Blatt-Frucht-Verhältnis sorgen. (Der Fruchtbehang sollte nicht zu schwach sein, da große Früchte eher zur Fleischbräune neigen.)
- Rechtzeitig ernten.
- Stickstoffversorgung einschränken.
- Bei sortengerechter Temperatur lagern.
- Zu hohe Luftfeuchtigkeit am Lager vermeiden.

Krankheitsbild an den Früchten

Stippigkeit des Apfels

Auftreten, Bedeutung

Die Stippe stellt ein bedeutendes wirtschaftliches Problem dar, da betroffene Früchte praktisch nicht verkäuflich sind.

Krankheitsbild

An den Früchten:

- Charakteristisch sind dunkelgrüne bis braune, mehrere Millimeter große, eingesunkene Flecken.
- Beim Durchschneiden der Früchte findet man vor allem direkt unter der Fruchtschale Nester von Stippenekrosen.
- Stark stippige Äpfel schmecken bitter.

Krankheitsursachen

Die Ursache der Erkrankung ist ein gestörtes Nährstoffverhältnis am Baum und in der Frucht. Das Verhältnis Kalium/Magnesium: Kalzium ist dabei entscheidend. Während die Hauptmenge des Kalziums zu Beginn des Differenzierungswachstums der Äpfel aufgenommen wird und der Kalziumgehalt der Frucht laufend abnimmt, steigen die absoluten Mengen an Kalium und Magnesium ständig an.

Fruchtanalysen vor der Ernte geben wertvolle Hinweise über die Lagerfähigkeit der Äpfel.

Vorbeugende Maßnahmen

- Gleichmäßige Ernten anstreben. (Früchte schwach tragender Bäume sind meist mastig und stark anfällig.)
- Für regelmäßige Wasserversorgung der Bäume sorgen.
- Gleichgewicht zwischen Fruchtbildung und Triebwachstum erhalten (keine starkwüchsigen Unterlagen, nicht zu stark ausdünnen, zu starkes Triebwachstum unterdrücken usw.).
- Auf ausgeglichene Nährstoffversorgung achten.
- Für lockeren Kronenaufbau sorgen.
- Erntezeitpunkt richtig wählen.
- Früchte sofort abkühlen und einlagern.
- Humus zuführen (z. B. durch Gründüngung).
- 6–8 Kalziumspritzungen ab Juli
- Tauchbehandlung der Früchte nach der Ernte in 2–3 %ige $CaCl_2$-Lösung (in Österreich derzeit nicht gestattet)
- Sortenwahl beachten!
  Anfällige Sorten: 'Braeburn', 'Cox Orange'

Schalenbräune

Krankheitsbild

An den Früchten:
Die Symptome der **gewöhnlichen Schalenbräune** treten etwa drei bis vier Monate nach der Einlagerung auf und verstärken sich nach der Auslagerung.

- Die Schale betroffener Früchte verblasst und es entstehen unregelmäßige braune Flecken, die leicht eingesunken sein können.
- An diesen Stellen kann mit zunehmender Reife auch das direkt unter der Schale liegende Gewebe, nicht aber das Fruchtfleisch geschädigt sein.

Die Altersschalenbräune kann durch Überlagerung bei allen Sorten auftreten.

- Braune, nekrotische Flecken überziehen die Frucht.
- Mit zunehmender Reife wird auch das darunter liegende Fruchtfleisch stark geschädigt.

Schalenbräune

Krankheitsursachen

Das Auftreten von Schalenbräune bei empfindlichen Sorten wird durch verschiedene Faktoren gefördert.

Hohe Temperaturen vor der Ernte wirken ebenso schalenbräunefördernd wie zu frühe Ernte. Neben dem Witterungsverlauf spielt auch die Beschattung eine wichtige Rolle. Schattenfrüchte oder Schattenseiten roter Früchte weisen häufiger Schalenbräune auf, Sommerschnitt reduziert daher das Auftreten.

Die Früchte bilden während der Erntezeit und am Lager flüchtige Produkte (vor allem Alpha-Farnesen), die normalerweise verdunsten. Unter ungünstigen Bedingungen bzw. sobald sich die Lagerungszeit verlängert, werden diese Stoffe oxidiert, können nicht mehr entweichen und sammeln sich daher v. a. in der Fruchtschale an. Da diese Verbindungen auf die Zellen toxisch wirken, sterben diese unter Braunfärbung ab.

Man nimmt an, dass die unterschiedlichen Sortenanfälligkeiten mit dem Wachsgehalt bzw. der Stärke der Kutikula zusammenhängen. Ein höherer Wachsgehalt und eine dicke Kutikula blockieren die Ausgasung flüchtiger Abbauprodukte und begünstigen daher die Ausbildung von Schalenbräune.

Vorbeugende Maßnahmen

- Für gute Belichtung der Früchte sorgen (Schnitt, Ausdünnung).
- richtige Wahl des Erntetermins
- rasche Einlagerung nach der Ernte
- ausreichende Durchlüftung des Obstes vor dem Einlagern
- Füllung der Lagerzellen innerhalb von 4–5 Tagen
- Lagerung in kontrollierter Atmosphäre und bei extrem niedrigem (1–1,5 %) Sauer-

stoffgehalt (ULO) hat sich z. B. bei 'Granny Smith' bewährt.
- Die definierte Lageratmosphäre soll so schnell wie möglich erreicht werden.
- möglichst rasche Entleerung nach dem Öffnen der Lagerzellen
- Empfindliche Sorten nicht zu lange lagern.
- Sortenwahl beachten!

Anfällige Sorten: 'Granny Smith', 'Red Delicious', 'Morgenduft', 'Winesap', 'Jonagold'

Bei der Kühllagerung von Birnen treten kurz nach der Auslagerung ebenfalls häufig Verbräunungen der Schale auf. Durch Lagerung bei –1 °C kann dies verhindert werden.

Glasigkeit

Krankheitsbild

An Früchten:
- Das Fruchtfleisch ist im Bereich der primären Leitbündel und in der Umgebung des Kernhauses glasig durchscheinend.
- Bei einem schweren Befall ist die Glasigkeit von außen an den dunkelgrünen, ölfleckenartigen Verfärbungen der Fruchtschale erkennbar.
- Im fortgeschrittenen Stadium verbräunen die geschädigten Fruchtfleischkomplexe.
- Glasigkeit tritt bevorzugt an großen, intensiv gefärbten Früchten auf.
- Die Äpfel enthalten weniger Säure und sind schwerer als gesunde Früchte.

Krankheitsursachen

Die Glasigkeit an Früchten wird durch plötzliche Zuckeranreicherung der Gewebepartien bei gleichzeitiger Zunahme des osmotischen Wertes in den Zellen hervorgerufen. Die Hohlräume zwischen den Zellen sind dann statt mit Luft mit Zellsaft gefüllt.

Hitze und starke Sonneneinstrahlung verbunden mit kühlen Nächten fördern das Auftreten dieser physiologischen Störung. Verspätete Ernte erhöht sowohl die Wahrscheinlichkeit des Auftretens als auch die Stärke des Befalls.

Vorbeugende Maßnahmen

- Für ausgeglichenes Triebwachstum und Fruchtbehang sorgen.
- Kalziumhaushalt verbessern.
- Termingerechte Ernte!
- Anfällige Sorten bzw. gefährdete Partien rasch vermarkten.

Glasigkeit

Lentizellenfleckenkrankheiten

Auftreten, Bedeutung

Unter dem Begriff „Lentizellenflecken-krankheiten" werden punktförmige Verfärbungen der Fruchtschale, die hauptsächlich um Lentizellen auftreten, zusammengefasst.

Diese physiologisch bedingten Erkrankungen bedeuten eine vor allem optische Wertminderung des Apfels.

Obwohl die innere Qualität der Frucht nicht beeinträchtigt wird, sind solche Äpfel schlecht verkäuflich.

Jonathan-Spot

Krankheitsbild

- Man unterscheidet zwei verschiedene Typen dieser Krankheit.
- Der erste Typ zeigt sich in dunkelbraunen bis schwarzen, leicht eingesunkenen Flecken bis 3 mm Durchmesser.
- Andererseits treten auch z.T. etwas größere (bis 6 mm) Flecken auf, in deren Zentrum sich stets eine Lentizelle befindet. Diese Lentizellen sind dunkler als die sie umgebende Fruchthaut. Der sie umgebende Fleck ist entweder dunkel oder aber hellbraun mit dunklerem Hof und unregelmäßiger Form.
- Wie tief diese Schadstellen ins Fruchtfleisch hineinragen, ist im Allgemeinen ein Zeichen des Grades der Erkrankung.
- Betroffen von beiden Formen sind besonders die rot gefärbten Fruchtteile.

Krankheitsursachen

Verschiedene Faktoren sowohl während des Wachstums am Baum als auch während der Lagerung beeinflussen das Auftreten dieses Schadbildes.

Wie auch bei anderen physiologischen Erkrankungen sind große, zu spät geerntete Früchte aus Junganlagen oder Anlagen mit schwachem Behang besonders gefährdet.

Trockene Wachstumsbedingungen, hohe Temperaturen bei der Ernte, verzögerte Einlagerung und Temperaturschwankungen während der Lagerung wirken sich ebenfalls negativ aus.

Lentizellenröte

Krankheitsbild

- Die Lentizellenröte erscheint bereits ab Mitte August an der Sonnenseite gelb- oder grünschaliger Äpfel. Das Befallsbild ändert sich danach nicht mehr.
- Typisch für die Erkrankung sind abgestorbene Atemporen, die von einem roten Hof von 1 bis 3 mm Durchmesser umgeben sind.
- Achtung: Verwechslungsmöglichkeit mit Schäden durch die San-José-Schildlaus!

Krankheitsursachen

Die Rotfärbung um die Lentizellen entsteht durch die Einlagerung von Anthozyanfarbstoff bei ungünstigen Witterungsbedingungen, insbesondere bei starken Temperaturschwankungen.

Es liegt eine Gewebeverletzung der Lentizellenpartie oder eine Schwächung des Fruchtschalenbereiches vor. Bäume mit schwach wachsenden Unterlagen haben meist mehr Früchte mit Lentizellenröte als solche mit stark wachsenden. Ausgeglichene Witterung wirkt dem Auftreten der Lentizellenröte entgegen.

Vorbeugende Maßnahmen

- zeitgerechte Ernte – eventuell mehrmaliges Durchpflücken
- Spät geerntete Früchte sollten nur einige Wochen gelagert werden.
- rasche Kühlung der geernteten Früchte
- Lageratmosphäre mit mindestens 2 % CO_2-Gehalt verzögert das Auftreten des Schadbildes.
- Einseitige und erhöhte Stickstoffdüngung vermeiden.

Lentizellenröte

Bormangel des Apfels

Krankheitsbild

An den Früchten:
- mangelhafter Fruchtansatz
- Fruchtdeformationen
- verkorkte Stellen an der Oberfläche und im Inneren der Frucht (die braunen, korkähnlichen Flecken dehnen sich bis in die Nähe des Kernhauses aus)
- Rissbildungen
- dunkle, glasige Flecken auf der Schale

An den Trieben:
- Knospen treiben etwa eine Woche später aus.
- Die Internodien zwischen den Blättern werden zur Triebspitze hin kürzer, dadurch wirken die Blätter rosettenartig angeordnet.
- Bei stärkerem Mangel sterben die Triebspitzen oder ganze Äste ab.

An den Blättern:
- rostrote bis bronzene Verfärbungen (oft nur Rotfärbung der Blattadern)
- löffelartige Verkrümmungen

Krankheitsursachen

Der leicht bewegliche Nährstoff kann durch sehr starke Regenfälle insbesondere auf sandigen Böden ausgewaschen werden. Die Verluste durch Auswaschungen sind umso unwahrscheinlicher, je schwerer der Boden ist.

Wesentlich öfter treten Mangelerscheinungen durch induzierten Bormangel (auf kalkreichen Böden) auf. Bor liegt dann in einer für die Pflanze nicht mehr aufnehmbaren Form vor.

Die beschriebenen Schäden sind in Trockenjahren häufiger zu beobachten, da das Element Bor dann nicht gelöst im Boden vorliegt. Durch Trockenheit hervorgerufener Bormangel verschwindet nach ausreichenden Niederschlägen.

Direkte Maßnahmen

- Einsaat von Gründüngungspflanzen
- Bodendüngung: 10 g Borax je m² kronenüberschattete Fläche oder Lanzendüngung: 500 g Borax/100 l Düngerlösung
- Blattdüngung: vor allem bei hohem pH-Wert des Bodens sinnvoll 2–3 Behandlungen mit 0,15–0,2 %iger Borsäurelösung ab der Blüte (10-tägige Abstände einhalten)

Bormangel – Schadbild an der Frucht

Blattflecken und Blattfall bei 'Golden Delicious'

Auftreten, Bedeutung

Generell sind alte, langsam wachsende Bäume anfälliger. In stark betroffenen Anlagen kann der Blattverlust bis zu 75 % betragen.

Krankheitsbild

An den Blättern:

- Betroffene Blattzonen färben sich blassgrün, etwa 12 Stunden später entwickeln sich unregelmäßige braune Flecken, die absterben. Die Form dieser Nekrosen wird durch größere Blattadern begrenzt, die selbst unbeschadet bleiben.
- Meistens sind besonders die mittleren Blätter eines Triebes betroffen, junge Blätter zeigen keine Veränderungen.
- Etwa vier bis sieben Tage nach dem Auftreten der Symptome setzt Blattfall ein. Dem kann ein Vergilben der Blätter vorausgehen.
- Die Krankheit tritt im Laufe der Vegetationsperiode in mehreren (2–4) Wellen auf.

Krankheitsursache

Blattflecken und Blattfall sind auf physiologische Störungen verschiedenen Ursprungs zurückzuführen: Maßgeblich beteiligt sind klimatische Begebenheiten, wie z. B. heiße, trockene Witterung nach mehrtägigen Niederschlägen und damit verbundener Temperaturfall.

Auch abrupte Wechsel im Wasserangebot fördern besonders bei leichten Böden den Blattfall. Durch die mangelnde Belichtung ist der Befall bei mehrreihigen Engpflanzungen häufiger.

Vorbeugende Maßnahmen

- alle Maßnahmen, die ein gleichmäßiges Wachstum fördern (Schnitt!, harmonische Düngung, schonende Bodenbearbeitung, ...)
- Optimierung des Wasserhaushaltes
- Für ausgeglichenes K/Mg/Ca-Verhältnis sorgen.
- 14-tägige Behandlung mit Zinkoxid ab Blühbeginn

Apfelmosaik

Erreger: *Apple Mosaic Virus*

Auftreten, Bedeutung

Wachstumsdepressionen und reduzierte Fruchtgrößen bewirken bei anfälligen Sorten Ertragseinbußen bis 50 %. Aufgrund der Infektionen kann es auch zu Unverträglichkeitsreaktionen bei Veredelungen kommen.

Krankheitsbild

An den Blättern:

- leuchtend gelbe, weißgelbe oder gelbgrüne Verfärbungen in Form von Ringen, Flecken, Bändern, Sprenkelungen oder Linien entlang den Blattadern
- Während schwach anfällige Sorten nur vereinzelte Sprenkelungen zeigen, sind die Schäden bei anfälligen Sorten stärker. Daneben ist die Symptomausprägung auch von der Virulenz der Virusstämme abhängig.
- Die vergilbten Blattteile können im Laufe des Sommers verbräunen, absterben und später abfallen.
- Das Schadbild ist im Frühjahr und Frühsommer am besten erkennbar. Hohe Temperaturen können zur Maskierung der Symptome führen, was fälschlicherweise oft mit einer Heilung der Pflanze verwechselt wird.
- Symptome treten oft nur an einzelnen Ästen auf.

Übertragung

Das Virus wird in der Obstanlage durch Pfropfung oder Wurzelverwachsungen verbreitet. Weder Samenübertragung noch Übertragung durch tierische Vektoren sind bekannt.

Vorbeugende Maßnahmen

- Auslese gesunder Mutterpflanzen
- Sortenwahl beachten!
  Hochanfällige Sorten: 'Jonathan', 'Golden Delicious', 'Champagnerrenette', 'Cox Orange', 'Granny Smith', 'James Grieve'

Direkte Maßnahmen

- Wärmebehandlung erkrankter Jungpflanzen bei 37 °C für 3–4 Wochen oder Behandlung der Reiser mit heißem Wasser (70 °C für 10 Minuten)

Schwach geschädigtes Blatt

Stark geschädigtes Blatt

Apfeltriebsucht

Erreger: *Candidatus Phytoplasma mali*

Auftreten, Bedeutung

Die durch die Triebsucht hervorgerufenen Veränderungen im inneren Aufbau der Pflanze können vor allem empfindliche Sorten stark schwächen. Die Verbreitung innerhalb der Obstanlage erfolgt sehr rasch! Apfeltriebsucht zählt zu den Quarantänekrankheiten und ist meldepflichtig! Bei Befallsverdacht sofort den Österreichischen Pflanzenschutzdienst verständigen.

Krankheitsbild

An den Trieben:

- vorzeitiger Austrieb ruhender Seitenknospen im oberen Drittel von Langtrieben (ab Juli)
- Der Haupttrieb bleibt in seiner Entwicklung zurück, dafür entwickeln sich zahlreiche steil aufgerichtete, dünne Triebe („Hexenbesen").
- Die Triebspitzen sterben oft ab.
- Solche Symptome sind in den ersten beiden Jahren nach der Infektion besonders häufig, sie werden daher als Schockreaktion der Pflanze gewertet. In der folgenden „Erholungsphase" wird die Besenbildung seltener beobachtet.

An den Blättern:

- Blätter verkleinert und oft chlorotisch, Blattränder scharf und unregelmäßig gezähnt, verkürzte Blattstiele
- Die an der Basis von Langtrieben und an Kurztrieben gebildeten, stark vergrößerten Nebenblätter sind eine wichtige Diagnosehilfe.
- vorzeitige Herbstfärbung in der Schockphase

An den Früchten:

- Früchte sind bis zu einem Drittel verkleinert, abgeflacht und schlechter ausgefärbt.
- verringerter Zucker- und Säuregehalt
- sehr lange Fruchtstiele
- Kerngehäuse und Samen sind kleiner als bei gesunden Früchten.

An den Blüten:

- unter Umständen Blütenbildung im Sommer

An den Wurzeln:

- vermindertes Wurzelwachstum
- zahlreiche verkrümmte, verkürzte, büschelartig angeordnete Faserwurzeln

Übertragung

Die Krankheit ist durch Pfropfung, nicht aber durch Samen übertragbar. Als tierische Vektoren gelten Kleinzikaden und Blattflöhe. In der Baumschule entwickeln sich innerhalb eines Jahres nach erfolgter Infektion die ersten Symptome, bei älteren Bäumen kann es zwei oder mehrere Jahre dauern.

Krankheitserreger

Phytoplasmen können sich nur in intakten Siebröhren vermehren. Da die Siebröhren des Stammes ihre Funktion im Spätherbst bzw. zu Winterbeginn einstellen, werden die Erreger in den lufthaltigen Teilen eliminiert. Da sich in den Wurzeln ganzjährig funktionstüchtige Siebröhren befinden, können die Phytoplasmen dort überwintern. Im Frühjahr wird der Stamm wieder besiedelt, sobald neues Phloem (Siebteil) gebildet wird. In den ersten Jahren wiederholt sich dieser Zyklus jährlich, später erfolgt der Befall des Phloems nur mehr teilweise oder gar nicht. Damit sind auch die unterschiedlichen Symptomausprägungen erklärbar.

Vorbeugende Maßnahmen

- Auslese gesunder Mutterpflanzen (gegen Viruserkrankungen wärmebehandelte Ware ist auch frei von Phytoplasmen)
- sorgfältige Unkrautbekämpfung und Entfernung von Wurzelschossen (Nahrungsquelle der Zikaden)
- Sortenwahl beachten!
  Hochanfällige Sorten: 'Golden Delicious', 'Gravensteiner', 'Boskoop', 'Cox Orange', 'Jonathan', 'Kronprinz Rudolf'
  Gering anfällige Sorten: 'Idared', 'McIntosh'

Direkte Maßnahmen

- Infizierte Bäume sollten sofort aus der Anlage entfernt werden.
- Insektizideinsatz verzögert das Krankheitsauftreten.

Apfeltriebsucht – Schadbild an Blättern, Trieben und Früchten

Steinfrüchtigkeit der Birne

Erreger: *Steinfrüchtigkeits-Virus*

Auftreten, Bedeutung

Bei empfindlichen Sorten können bis zu 90 % der Früchte deformiert sein. Solche Früchte sind ungenießbar und unverkäuflich.

Krankheitsbild

An den Früchten:

- Bei anfälligen Sorten werden die ersten Symptome bereits an den jungen, nussgroßen Früchten sichtbar, sonst erst ab Juli bis August.
- Die ersten Symptome sind dunkelgrüne Flecken, in deren Bereich das Dickenwachstum zurückbleibt. Dadurch entstehen Eindellungen bzw. Buckel, die sich im Laufe der Fruchtentwicklung verstärken und zur völligen Verkrüppelung der Früchte führen können.
- Um die Schadstellen häufen sich Steinzellen, die sich braun verfärben und die Frucht wertlos machen.
- Auf demselben Baum können kleine, stark verformte, nur leicht eingesunkene sowie normale Früchte wachsen.
- Es kommt vor, dass man nur an einem Ast oder an einer Seite des Baumes Symptome findet.
- Bei toleranten Sorten können die Symptome in manchen Jahren völlig fehlen.
- Verwechslungsmöglichkeit mit Bormangelsymptomen

Übertragung

Die Krankheit ist durch Pfropfung übertragbar. Zwischen Infektion und Krankheitsausbruch vergehen meist mehrere Jahre.

Vorbeugende Maßnahmen

- Selektion gesunder Mutterpflanzen (Unterlage und Reiser)
- Sortenwahl beachten!
  Hochanfällige Sorten: 'Bosc's Flaschenbirne', 'Gellerts Butterbirne'

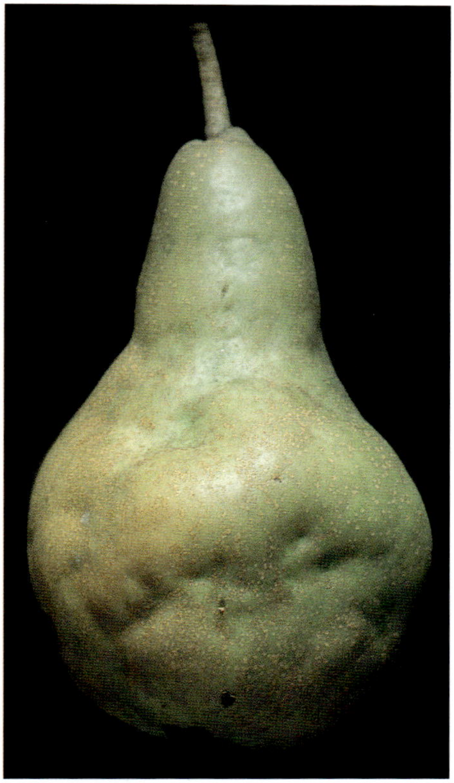

Durch gestörtes Dickenwachstum entstehen Eindellungen bzw. Buckel.

Birnenverfall

Erreger: *Candidatus Phytoplasma pyri*

Auftreten, Bedeutung

Birnenverfall zählt zu den Quarantänekrankheiten und ist meldepflichtig! Bei Befallsverdacht sofort den Österreichischen Pflanzenschutzdienst verständigen.

Krankheitsbild

Man unterscheidet zwei Formen: den „Schnellen" und den in Europa verbreiteten „Langsamen Birnenverfall". Der „Langsame Birnenverfall" ist durch eine langsame Schwächung des Baumes gekennzeichnet. Durch Veränderungen im Phloem kommt es ab Frühling oder im Spätsommer zu Rotverfärbungen des Laubes. Während bei jungen Bäumen das gesamte Laub verfärbt ist, ist bei älteren Pflanzen nur das Laub einzelner Äste betroffen.

Symptome im Frühjahr:

- verspätete, schwache Blattbildung mit Aufrollung der Blattränder
- Triebe sind verkürzt und die Blütenknospen verbräunen und sterben ab.

Symptome im Sommer:

- Ab Juni treten Veränderungen an den Blättern auf (Chlorose, Einrollen, verbräunte Blattadern, Welke, Rotlaubigkeit).
- In der weiteren Folge kommt es zu vorzeitigem Laubfall und vermindertem Ertrag durch Kleinfrüchtigkeit.
- Häufig sterben die Bäume über den Winter ab.
- Bei nochmaligem Austrieb kann die Blüte ungewöhnlich stark sein, allerdings bei geringem Fruchtansatz.

Übertragung

Die Krankheit ist durch Pfropfung, nicht aber durch Samen oder Schnittwerkzeug übertragbar. Als tierische Vektoren gelten Blattflöhe. Sie verläuft in trockenen, heißen Sommern besonders rasch.

Vorbeugende Maßnahmen

- Gesundes Pflanzgut verwenden!

Keine direkte Bekämpfung möglich.

„Langsame Birnenverfall"-Schwächung des Baumes

Feuerbrand

Erreger: *Erwinia amylovora* (Burill) Winslow et al.

Auftreten, Bedeutung

Der Feuerbrand ist eine hoch infektiöse, schwer zu bekämpfende Krankheit, die verschiedene Obst- und Ziergehölze befallen kann. In Österreich wurde er 1993 erstmals nachgewiesen. Er zählt zu den Quarantänekrankheiten und ist meldepflichtig! Bei Befallsverdacht sofort den Österreichischen Pflanzenschutzdienst verständigen!

Krankheitsbild

An den Trieben:

- Bei befallenen Pflanzen erscheinen die Triebe zunächst fahlgrün, dann treten plötzliche Welkeerscheinungen und Braun- bis Schwarzfärbungen der Blüten und Blätter auf.
- Anschließend vertrocknen die infizierten Partien und die Triebspitzen krümmen sich infolge des Wasserverlustes nach unten.
- Bei feuchter Witterung tritt aus den Befallsstellen weißlicher, später brauner tropfenförmiger Bakterienschleim aus.

Am Holz:

- Bei frisch befallenen Pflanzen ist das Holz unter der Rinde meist rotbraun verfärbt und von klebrigem Bakterienschleim durchsetzt, der dann aus der Rinde hervorbricht.
- Später sinken die betroffenen Rindenpartien ein und sind deutlich vom gesunden Gewebe abgegrenzt.
- Für die sichere Diagnose ist eine Laboruntersuchung unerlässlich!

Krankheitserreger

Die Übertragung der Krankheit erfolgt durch Regen, Wind und Insekten. Über größere Entfernungen wird der Feuerbrand häufig durch verseuchtes Pflanzenmaterial oder kontaminierte Gegenstände verbreitet. Auch Zugvögel können die Erreger verschleppen.

Die Bakterien gelangen entweder über Wunden oder natürliche Öffnungen in die Triebe anfälliger Wirtspflanzen oder befallen die Blüten. In diesem Fall fungieren die Blütennarben als Eintrittspforten, von wo

Schadbild – gekrümmte Triebspitzen

Schadbild – Bakterienschleim

aus die Erreger über den Blütenstiel, die Zweige und den Stamm in die Wurzeln gelangen. Während der Vegetationszeit breitet sich der Feuerbrand besonders bei feuchtwarmer Witterung (Temperaturen über 18 °C und rel. Luftfeuchte über 70 %) aus.

Innerhalb der Pflanze erfolgt die Ausbreitung in jungen Trieben wesentlich schneller als in älteren. (Junge Bäume können innerhalb von zwei bis drei Wochen absterben.)

Zu den wichtigsten Wirtspflanzen zählen: Apfel, Birne, Quitte, Zwergmispel *(Cotoneaster)*, Feuerdorn, Eberesche, Weißdorn, Zierquitte, Wollmispel, Stranvaesie, Felsenbirne *(Amelanchier)*

Vorbeugende Maßnahmen

- Sortenwahl beachten!
  Anfällige Sorten und Unterlagen:
  Apfel: 'James Grieve', 'Idared', 'Granny Smith', 'Cox Orange', 'Jonathan', 'Klarapfel', 'Topaz'; M 26
  Birne: 'Passa Crassana', 'Conference', 'Frühe von Trevoux'

Direkte Maßnahmen

- Wegen der besonderen Bedeutung dieser Krankheit muss jeder Verdacht auf Feuerbrandsymptome umgehend gemeldet werden! Weitere Maßnahmen sind von den Sachverständigen zu treffen.

Schadbild – Welkeerscheinungen

Schorfkrankheit des Kernobstes

Erreger: *Venturia inaequalis* (Cooke) Wint. an Apfel; *Venturia pirina* Aderh. an Birne

Auftreten, Bedeutung

Schorf ist die bedeutendste Krankheit im Kernobstbau. In Lagen mit häufigen Niederschlägen im Frühjahr sind Ertragsverluste bis zu 70 % möglich. Die Qualität der Früchte ist vermindert, durch frühzeitigen Blattfall bzw. Verlust von Assimilationsflächen durch das Absterben von Blattbezirken erhöht sich die Frostempfindlichkeit und das Wachstum wird eingeschränkt. Fruchtinfektionen begünstigen den sekundären Befall durch andere pilzliche Krankheitserreger. Infektionsgefahr besteht vom frühesten Beginn bis zum Ende der Vegetationszeit. Gefürchtet ist die Krankheit auch deshalb, weil sie sich innerhalb kurzer Zeit über weite Entfernungen ausbreiten kann. Eine Saison mit schweren Schorfinfektionen kann sich einige Jahre lang negativ auswirken.

Krankheitsbild

Alle nicht verholzten oberirdischen Pflanzenteile können befallen werden.

An den Blättern:

- samtartige, verwaschene olivgrüne Flecken bis 1 cm Durchmesser; vorwiegend an der Blattoberseite (bei Apfel) bzw. Blattunterseite (bei Birne)
- Das Zentrum der Schadstellen verdorrt oder vernarbt allmählich. Bei zeitigem Befall vergilben die Blätter und fallen ab.

An den Früchten:

- Im Frühjahr entstehende braunschwarze Flecken führen zu Rissbildungen der Fruchtschale, da das geschädigte Gewebe nicht mit der Frucht mitwachsen kann.
- Ab Spätsommer erscheinende Flecken bleiben kleiner und können bei sehr spätem Befall auch erst am Lager sichtbar werden (Lagerschorf).
- Schwerer Befall führt zu Verkrüppelungen, die Früchte können in ihrer Entwicklung stehen bleiben.

An den Trieben:

- Häufiger bei Birne als beim Apfel findet man korkige, blasige Auftreibungen und Rissbildungen (Zweiggrind).

Krankheitserreger

Bei starkem Befall kann der Schorfpilz auch am Baum (infizierte Triebe) überwintern und

zeitige Infektionen im Frühjahr hervorrufen. Die wichtigste Infektionsquelle sind aber Schlauchsporen (Ascosporen), die während der Vegetationsruhe in Schlauchfruchtkörpern (Perithecien) im Falllaub gebildet werden. Sobald die ersten Sporen reifen (etwa Anfang April), können sie nach Niederschlägen aus den Fruchtkörpern ausgeschleudert werden und junge Blätter infizieren. Da die Ascosporen nicht gleichzeitig reifen, können sie bis ca. Mitte Juni Infektionen hervorrufen. Etwa 10 bis 20 Tage nach erfolgtem Befall werden die ersten Blattflecken sichtbar, an deren Oberfläche sich die Sommersporen (Konidien) entwickeln. Sie sind für die weiteren Infektionen bis zum Ende der Vegetationszeit verantwortlich. Die Entwicklung von mehr als zehn Pilzgenerationen pro Jahr ist keine Seltenheit.

Vorbeugende Maßnahmen

- Abbau des Falllaubes beschleunigen (Regenwurmförderung, Harnstoffspritzungen bei Laubfall).
- ausgewogene Schnittmaßnahmen (da nur junge Blätter anfällig sind, ist ein zeitiger Abschluss des Triebwachstums günstig)
- Sortenwahl beachten!
  Schorfresistente Apfelsorten erlangen zunehmende Bedeutung, z. B. 'Topaz', 'Goldrush', 'Rubinola', 'Goldstar' und die „Re-Sorten" ('Rewena', 'Reglindis', ...).
  Wenig anfällig sind die „Pi-Sorten" ('Pilot', 'Pinova', 'Piros', ...).
  Besonders anfällig sind die marktgängigen Sorten, z. B. 'Golden Delicious', 'Gloster', 'Gala', 'Jonagold'.

Direkte Maßnahmen

- Ein Einsatz von synthetischen Fungiziden soll besonders im Zeitraum zwischen Mitte bis Ende April und Ende Juni termingerecht und gründlich durchgeführt werden. Die Behandlungszeitpunkte sind entsprechend den Infektionsbedingungen (witterungsabhängig; Warnmeldungen beachten) zu wählen. Erfahrungsgemäß treten schwere Infektionen oft um die Blütezeit auf.
- Kupferpräparate werden v. a. gegen Triebschorf bis zur Blüte eingesetzt.
- In feuchten Lagen mit Spätschorfgefahr Behandlung mit einem synthetischen Fungizid vier bis fünf Wochen vor der Ernte durchführen.
- Um etwaigen Resistenzen vorzubeugen, empfiehlt es sich, nicht ausschließlich systemisch wirkende Präparate einzusetzen.

Schorf an einem Apfelblatt

Schorf an der Apfelfrucht

Apfelmehltau

Erreger: *Podosphaera leucotricha* (Ell. et Ev.) Salm.

Auftreten, Bedeutung

In trockenwarmen Klimaräumen sind anfällige Sorten wegen der Reduzierung des Triebwachstums und des Fruchtansatzes stark gefährdet.

Krankheitsbild

- Junge Blätter, Triebspitzen und Blüten sind von einem puderartigen weißen Pilzbelag überzogen. Es treten auch einzelne weiße Flecken an den Blattunterseiten auf.
- Die deformierten Blütenblätter und das betroffene Blattwerk vertrocknen und fallen ab.
- Im fortgeschrittenen Stadium können die Triebe daher bis auf einen kleinen Blattschopf ganz verkahlen.
- Starker Befall führt zu netzförmigen Berostungen an den Früchten.

Krankheitserreger

Der Erreger überwintert in den Knospen, und zwar v. a. in den Terminalknospen. Im Frühjahr wächst der Pilz mit dem Austrieb aus den Knospen heraus und befällt die neu gebildeten Blätter, Sprosse und Blütenorgane. Er setzt sich an ihren Oberflächen fest und bildet zur Nährstoffaufnahme kurze Saugfortsätze, die in das Gewebeinnere des Wirtes reichen. Bereits nach kurzer Zeit entwickeln sich an den Befallsstellen Ketten bildende Konidien (als Mehl-

Schadbild an Blättern

Schadbild an Blättern und Blüten

taubelag sichtbar). Sie dienen der weiteren Verbreitung innerhalb der Baumkrone. Ab Mai bis Juni erfolgt die Besiedelung der neuen Knospen, dem Winterquartier des Pilzes.

Vorbeugende Maßnahmen

- Zu üppiges Triebwachstum vermeiden.
- Sortenwahl beachten – ist besonders in Trockengebieten wichtig!
  Anfällige Sorten: z. B. 'Jonathan', 'Idared', 'McIntosh', 'Gravensteiner', 'Klarapfel', 'Cox Orange', 'Elstar', 'Jonagold', 'Boskoop'

Direkte Maßnahmen

- Abschneiden befallener Triebe („Mehltauschnitt")
- Einsatz von Netzschwefel oder systemischen Fungiziden: Kurz vor der Blüte beginnen und bis zum Ende des Triebwachstums fortsetzen. Kurze Spritzintervalle (je nach Präparat) um die Blüte einhalten.

Kragenfäule des Kernobstes

Erreger: *Phytophthora cactorum* (Lebert & Cohn) Schroet.

Krankheitsbild

- Die Krankheit tritt hauptsächlich an Apfel-, seltener an Birnbäumen auf.
- Bereits im Ertrag stehende Bäume zeigen einen schwachen Austrieb, das Laub wird allmählich chlorotisch und fällt vorzeitig ab.
- Die Früchte bleiben klein und eher geschmacklos, fallen aber durch ihre starke, vorzeitige Färbung auf. Diese Symptome sind Folgeerscheinungen der Krankheit, die meist eher bemerkt werden als die eigentlichen Schadstellen.
- Das eigentliche Krankheitsbild der Kragenfäule betrifft den Stamm in der Höhe des Veredelungsknotens. Dort bilden sich kleine Faulstellen, die sich vergrößern und innerhalb weniger Monate den gesamten Stammumfang umfassen können.
- Der innere Holzkörper bleibt intakt, das Rindenparenchym, der Siebteil und das Kambium werden zerstört.

Schadbild am Stamm

- Ist der Baum rundherum geschädigt, so stirbt er nach ein- bis zweijähriger Krankheit ab.

Krankheitserreger

Infektionen können entweder von befallenem, organischem Material (am Boden liegende Früchte, Unkräuter) oder von im Boden befindlichen Erregern ausgehen. Durch Regenspritzer gelangen sie von dort auf das Holz.

Dauersporen des Pilzes, die im Boden leben, können auch ohne Wirtspflanze jahrelang überdauern und bei Neupflanzungen wieder Infektionen hervorrufen.

Vorbeugende Maßnahmen

- Wahl einer unempfindlichen Unterlage (M 9, M 27); stark wachsende Unterlagen sind generell anfälliger.
- Freihalten der Stammbasis von Erde und Unkraut

Direkte Maßnahmen

- Befallene Früchte laufend vom Boden entfernen.
- Spezialfungizide können zwischen Austrieb und Blüte eingesetzt werden, sind aber nur präventiv wirksam. Ihr Einsatz ist daher nur eingeschränkt sinnvoll.

Schadbild der Krone

Gloeosporium-Fruchtfäule des Apfels

Erreger: *Pezicula alba* Guthrie und verwandte Arten

Auftreten, Bedeutung

Bei einigen wichtigen Lagersorten (z. B. 'Golden Delicious', 'Boskoop', 'Cox Orange') können während der Lagerung große Schäden entstehen.

Gelegentlich werden auch Birnen befallen.

Krankheitsbild

An den Früchten:

- Nach einiger Lagerzeit bilden sich an den Früchten runde, flache hellbraune Faulstellen, die von Lentizellen oder Wunden ausgehen.
- Die Flecken vergrößern sich nur sehr langsam, Totalfäulen kommen nicht vor.
- Bei hoher Luftfeuchtigkeit entwickeln sich auf den Schadstellen zahlreiche weiße, rosafarbene oder hellbraune kleine Pusteln.

Krankheitserreger

Die Krankheitserreger befinden sich ganzjährig am Baum. Sie leben bevorzugt in Rindenbrandstellen oder an der Oberfläche von Schnittwunden, Blatt- und Fruchtnarben, Frostplatten und Blattnekrosen verschiedener Laubgehölze. Durch Niederschläge werden die dort gebildeten Sporen auf die Früchte geschwemmt.

Ein Befall ist in jedem Entwicklungsstadium möglich, die Anfälligkeit der Früchte steigt allerdings mit zunehmender Reife. Niederschläge im Sommer oder kurz vor der Ernte begünstigen daher mögliche Infektionen. Die Pilze verbleiben aber vorerst in einem Ruhestadium und rufen auch noch keine sichtbaren Schäden hervor.

Erst während längerer Lagerung (und damit verbundener fortschreitender Reife) treten die charakteristischen Symptome auf.

Gloeosporium-Fruchtfäule

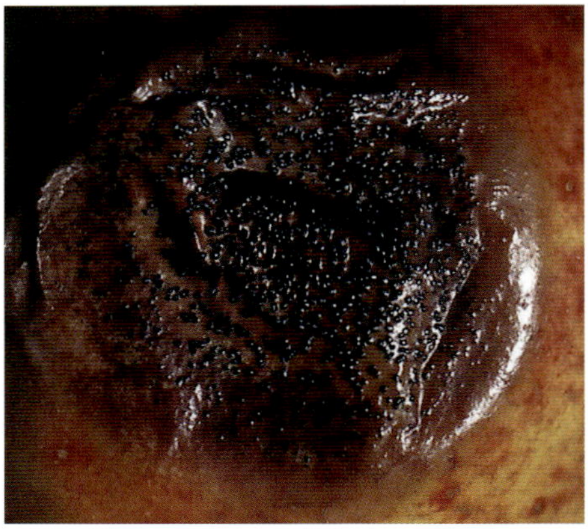

Gloeosporium-Fruchtfäule mit Sporenpusteln

Vorbeugende Maßnahmen

- Krebs- und Rindenbrandstellen entfernen.
- Baumschnitt bei trockenem Wetter durchführen, Wunden sofort verschließen.
- Zu starkes Triebwachstum einbremsen.

Direkte Maßnahmen

- Die meisten gegen Schorf genehmigten Belagsfungizide, die während der Vegetationsperiode ausgebracht werden, zeigen Nebenwirkungen gegen *Pezicula alba.*
- in Befallslagen 2–3 zusätzliche Behandlungen mit genehmigten Fungiziden im August und September
- Der Einsatz synthetischer Fungizide während des Blattfalles verhindert Blattnarbeninfektionen.

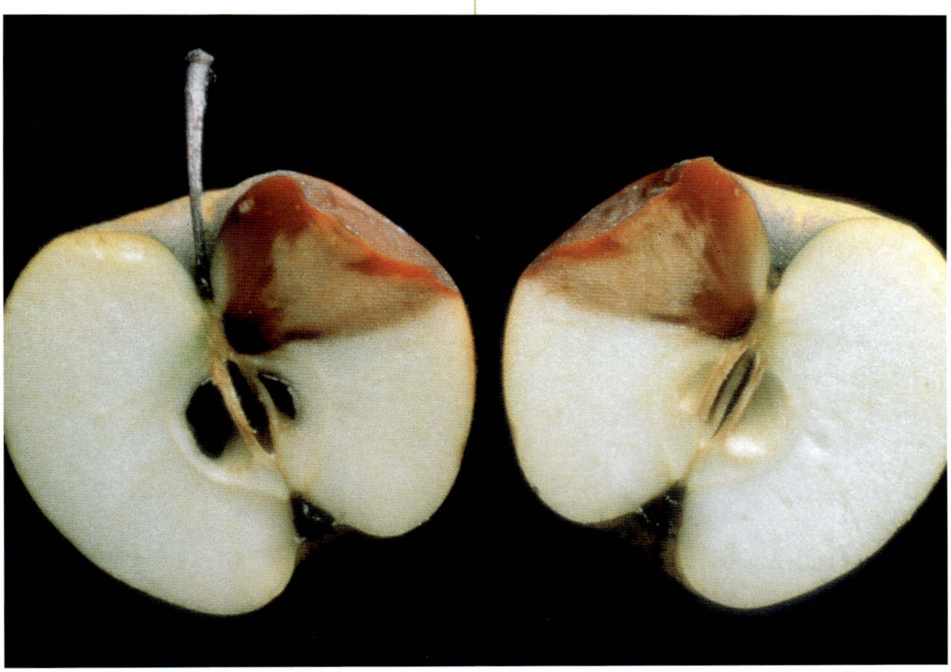

Gloeosporium-Fruchtfäule

Birnengitterrost

Erreger: *Gymnosporangium sabinae* (Dickson) Winter

Auftreten, Bedeutung

Obwohl die Krankheit im Allgemeinen eher optisch markant ist, als eine tatsächliche Gefahr für den Birnbaum darstellt, kann ein starkes Auftreten die Pflanze durch den Laubverlust und das Assimilationsdefizit schwächen.

Die Gefahr einer Ansteckung nimmt mit der Zunahme der räumlichen Entfernung zwischen den beiden Wirtspflanzen Birnbaum und Wacholder ab.

Krankheitsbild

An Birne:

- bis zu 1 cm große, dunkelgelb bis leuchtend orange gefärbte, klebrige Blattflecke, auf denen sich kleine, schwarze Pusteln bilden
- Auf der Blattunterseite bilden sich im Sommer an den entsprechenden Stellen knorpelige braune Gebilde, auf deren Mündungen Gruppen von zarten weißen „Gitterkörbchen" (Aecidien) stehen.
- Solche Aecidien können manchmal auch an Trieben, Blattstielen und Früchten auftreten.

An Wacholder *(Juniperus)*-Trieben:

- Ab April bis Mai brechen aus spindelartigen Verdickungen 1 bis 2 cm lange, dunkelbraune Teleutosporenlager (Wintersporen) hervor.
- Die Teleutosporenlager quellen bei Niederschlägen zu gallertigen hellbraunen Lappen auf, die später vertrocknen und abgestoßen werden.
- Die befallenen Triebe sterben sehr oft oberhalb der Infektionsstelle ab.

Krankheitserreger

Der Erreger des Birnengitterrostes gehört zu den wirtswechselnden Rostpilzen. Aus infizierten Wacholdertrieben brechen im Frühjahr die Teleutosporenlager hervor. In der Folge werden von dort aus junge Birnblätter befallen, auf denen sich nach 13 bis 17 Tagen kleine Warzen bilden.

Nach etwa vier Monaten entwickeln sich an den Blattunterseiten die Aecidien. Die dort gebildeten Aecidiosporen können wieder-

Schadbild an der Blattoberseite

um Wacholderarten infizieren, bei denen im zweiten Jahr die Teleutosporenlager zu finden sind.

Nur in Ausnahmefällen überwintert der Pilz als Myzel am Blattgrund von Birnknospen oder im Bastteil der Äste.

Der Erreger kann im Normalfall nicht von Birnbaum zu Birnbaum oder Wacholder zu Wacholder übertragen werden – beide Wirtspflanzen sind für den Infektionszyklus unerlässlich. Das heißt, dass das Entfernen einer der beiden Wirte die Krankheit zum Erlöschen bringt.

Die Wintersporen des Rostpilzes können bis zu 100 m weit streuen! Der häufigste

Schadbild an der Blattunterseite

Zwischenwirt ist *Juniperus sabina*, daneben auch *J. chinensis*, *J. foetidissima*, *J. oxycedrus*, *J. phoenicea*, *J. sphaerica* und *J. virginiana*.

Vorbeugende Maßnahmen

- In der Nähe von Birnbäumen stehende Wacholder entfernen.

Direkte Maßnahmen

- Der Einsatz genehmigter Fungizide zwischen Ende Mai und Anfang Juli verhindert den Befall der Birnblätter.

Krankheiten im Detail: Steinobst

Gummifluss des Steinobstes

Auftreten, Bedeutung

Als Folge des Gummiflusses können die Steinobstbäume stark geschädigt werden bzw. sogar absterben.

Krankheitsbild

An Ästen, Stämmen, Zweigen und Früchten:

- Unter der Rinde oder im Fruchtfleisch kommt es zur Gummibildung.
- Tritt dieser durch Quellung an die Oberfläche, so kommen farblose bis braune, tropfen- oder klumpenförmige Gebilde zum Vorschein, die anfangs weich und klebrig sind und dann verhärten.

Krankheitsursache

Gummibildung kann verschiedene parasitäre oder nicht parasitäre Ursachen haben. Infektionen durch Bakterien, Viren oder Pilze kommen als Auslöser ebenso in Frage wie zu reichliche oder unregelmäßige Wasserversorgung. Verletzungen jeglicher Art (auch durch tierische Schädlinge) rufen Wundreize hervor, die ebenfalls Gummibildung zur Folge haben.

Das gummiartige Produkt entsteht durch die Umwandlung von Zellulose (in den Zellwänden) in ein Kohlenhydrategemisch mit anschließender Zellwandauflösung.

Vorbeugende Maßnahmen

- Humusreiche, nicht zu feuchte Böden in nicht frostgefährdeten Lagen als Standorte wählen.
- Kulturmaßnahmen vorsichtig durchführen, unnötige Verletzungen vermeiden (Wundpflege!).
- Krankheiten (Schrotschuss-, Valsa-, Kräuselkrankheit) und tierische Schädlinge (z. B. Pflaumenwickler, Borkenkäfer) rechtzeitig bekämpfen.

Gummifluss an einem Kirschentrieb

Scharka- oder Pockenkrankheit der Zwetschke

Erreger: *Plum pox virus*

Auftreten, Bedeutung

Die Pockenkrankheit ist die wirtschaftlich bedeutendste Viruskrankheit des Steinobstes. Befallen werden Zwetschke, Marille und Pfirsich. Durch die Ungenießbarkeit der Früchte bzw. starken Fruchtfall kann es zu völligen Ernteausfällen kommen.

Auch symptomlose Bäume können (im Labor nachweisbar) bereits schwer erkrankt sein.

Krankheitsbild

An den Blättern:

- An den jungen Blättern erscheinen ab dem Frühjahr undeutliche Adernaufhellungen oder eichenblattförmige Muster.
- Später werden die charakteristischen hell- bis olivgrünen, ring- oder bandförmigen Flecken sichtbar.
- An bewölkten Tagen sind die Symptome besser erkennbar.
- Durch hohe Temperaturen im Sommer werden die Symptome bei manchen Sorten abgeschwächt.

An den Früchten:

- Auf den noch unreifen Früchten entstehen ring- oder linienförmige schwache Vertiefungen in der Fruchthaut, die der Frucht ein pockennarbiges Aussehen verleihen.
- Je älter die Früchte werden, desto deutlicher entwickeln sich die Furchen.
- Das Fruchtfleisch unter diesen Schadstellen ist rotbraun verfärbt, nekrotisiert und neigt zu Gummibildung.
- Am Stein können sich bei Marillen typische Ringe bilden.
- vorzeitiger Fruchtfall

An den Trieben:

- Rindenrisse oder offene Krebsstellen

Schadbild am Blatt

Übertragung

Verbreitung durch saugende Insekten (Blattläuse) oder durch Pfropfung

Vorbeugende Maßnahmen

- Auslese gesunder Mutterpflanzen durch Virustests
- vorbeugende Behandlungen gegen Blattläuse (Infektionen finden v.a. im Mai/Juni und September statt)
- Unkrautbekämpfung
- Sortenwahl beachten!
  Anfällige Sorten: 'Hauszwetschke', 'Zimmers'

Direkte Maßnahmen

- sofortige Rodung und Vernichtung erkrankter Bäume (da sich die Krankheit sehr rasch ausbreitet)

Schadbild an der Frucht

Bandmosaik der Zwetschke

Erreger: *Pflaumenbandmosaik-Virus*

Auftreten, Bedeutung

Diese Virose tritt an Zwetschke, Kirsche und Marille auf. Schwere Erkrankungen sind selten, können aber durch reduziertes Triebwachstum erhebliche Verluste mit sich bringen.

Krankheitsbild

An den Blättern:

- Etwa Mitte Juni bilden sich hellgrüne bis leuchtend gelbe Muster an den Blättern: entweder entlang den Blattadern, netzartig oder als Eichenblattmuster.
- Die Stärke der Symptomausprägung ist von der Sortenempfindlichkeit und vom Virusstamm abhängig.
- Das Schadbild ist im Frühjahr am deutlichsten sichtbar, da die Symptome durch hohe Temperaturen maskiert werden können.

Übertragung

Das Virus kann nur mechanisch und durch Pfropfung übertragen werden.

Die Inkubationszeit beträgt im Glashaus sechs Wochen bis drei Monate, im Freiland etwa neun bis zehn Monate.

Vorbeugende Maßnahmen

- Auslese gesunder Mutterpflanzen durch Virustestung
- Sortenwahl beachten!
  Hochanfällige Sorten: 'Hauszwetschke', 'Ersinger Frühzwetschke', 'Ontario', 'Große grüne Reneklode'

Direkte Maßnahmen

- Werden erkrankte Pflanzen bei 37 °C für drei bis vier Wochen wärmebehandelt, kann man so gesunde Triebspitzen erzeugen.

Chlorotisches Blattrollen bei Marille und Pfirsich

Erreger: *Candidatus Phytoplasma prunosum*, gehört zur Gruppe der *European stone fruit yellows phytoplasma (ESFY)*

Auftreten, Bedeutung

Diese Krankheit tritt vermutlich nur in Europa auf.

Zu den Wirtspflanzen gehören Marille, Pfirsich und *Prunus salicina* (Japanische Pflaume). Zwetschken können symptomlose Träger der Krankheit sein.

Marillenbäume sterben 12 bis 24 Monate nach dem erstmaligen Auftreten von Symptomen ab. Bedeutend rascher verläuft die Krankheit, wenn als Unterlage Pfirsich verwendet wird. Bei alten Bäumen (über 10 Jahre) sterben lediglich einzelne Äste ab. Pfirsichbäume sterben meist erst nach langjähriger Infektion.

ESFY zählt zu den Quarantänekrankheiten und ist meldepflichtig! Bei Befallsverdacht sofort den Österreichischen Pflanzenschutzdienst verständigen!

Krankheitsbild

- Symptome sind vor der Blüte oder im Spätsommer am ehesten zu entdecken.
- Infizierte Bäume bringen bereits Blätter hervor, bevor sich die Blütenknospen öffnen.
- Während des Sommers kommt es zum Einrollen der Blattränder, dieses Symptom wird Ende September besonders deutlich.

Symptome am Marillenblatt

Marille:

- Triebwachstum zu Sommerbeginn gehemmt
- Seitenknospen können im August vorzeitig austreiben.
- Schneidet man die Triebe an, werden Verbräunungen (Bastgewebe ist nekrotisiert) sichtbar. Blattaufhellungen und Blattchlorosen (ab Juli)
- Mit zunehmender Infektionsdauer sind Blattfall und verringerte Fruchtgrößen häufig zu beobachten.

Pfirsich:

- Die Symptome sind ähnlich wie bei Marille.
- Im Frühjahr bilden sich rosettenförmig angeordnete Blätter, die sich später einrollen und rot verfärben.
- Früchte sind nicht vermarktbar (Geschmacksveränderung, vorzeitiges Ausreifen).

Übertragung

Über größere Entfernungen wird die Krankheit vor allem über Pflanzmaterial (Reiser, vegetativ vermehrte Unterlagen) verbreitet. Als tierischer Vektor konnte *Cacopsylla pruni* festgestellt werden.

Vorbeugende Maßnahmen

- Gesundes Pflanzgut verwenden.
- Keine direkte Bekämpfung möglich!

Schadbild in der Kultur

Schrotschusskrankheit des Steinobstes

Erreger: *Wilsonomyces carpophilus* (Lév.) Adaskaveg, Ogawa & E. E. Butler {= *Stigmina carpophila* (Lév.) Ellis}

Auftreten, Bedeutung

Sehr starker Befall bewirkt empfindliche Ernteeinbußen und kann den Baum nachhaltig schwächen oder längerfristig sogar umbringen.

Krankheitsbild

An den Blättern:

- Zu Beginn vergrößern sich kleine, scharf abgegrenzte rötliche Flecken, verbräunen und erreichen bis zu 5 mm Durchmesser.
- Die Läsionen sind oft von einer gelben oder roten Zone umrandet.
- Die Blattflecken brechen nach einiger Zeit durch und hinterlassen Löcher.
- Besonders bei Marille kann es im unteren Kronenbereich zu vorzeitigem Blattfall kommen.

An den Trieben:

- Die anfangs 2 bis 3 mm großen, rötlichen Flecken an den jungen Trieben (v. a. bei Pfirsich und Nektarine) verbräunen und nehmen an Umfang zu. Die Flecken können ineinander fließen und damit den darüber liegenden Triebteil zum Absterben bringen.
- An den geschädigten Stellen kann es zum Austritt von Gummipfropfen kommen.

An den Früchten:

- Es entstehen eingesunkene, eventuell rot umrandete braune Flecken, die manchmal verkorken.

Krankheitserreger

Der Pilz überwintert in den Zweigwunden oder erkrankten Blättern (seltener auch in Früchten) und bei Pfirsich auch in den Knospen. Von diesen Krankheitsherden aus werden bei Regenwetter Konidien auf gesunde Pflanzenteile verschwemmt, wo sie Neuinfektionen verursachen.

Trockenperioden von mehreren Monaten kann der Pilz gut überdauern, um sich dann unter günstigen Bedingungen rapide zu vermehren.

Während die Keimung des Pilzes bereits bei relativ tiefen Temperaturen (ab 2–4 °C) möglich ist, sind für eine optimale Weiterentwicklung der Krankheit 14 bis 18 °C notwendig.

Dringt der Erreger in das Blatt ein, so scheidet er toxische Substanzen aus, wodurch die umliegenden Zellen kollabieren. Nach einigen Tagen bildet sich zwischen intaktem und erkranktem Gewebe eine Trennlinie, die den weiteren Stoffaustausch (und damit auch das weitere Vordringen der Toxine) zwischen den Zellen des betroffenen Gewebes unterbindet. In der Folge werden die abgestorbenen Gewebeteile abgestoßen.

Vorbeugende Maßnahmen

- Einsatz von Kupferpräparaten während der Vegetationsruhe (kann bei Marille Verbrennungen hervorrufen)
- Behandlungen mit organischen Belags-

fungiziden sofort nach der Blüte und danach je nach Witterung (kritischer Zeitraum ist Mai bis Juli)

- Um Trieb- und Knospeninfektionen zu verhindern: Synthetische Fungizide zur Zeit des Laubfalles bzw. auf jeden Fall vor den ersten winterlichen Niederschlägen anwenden.
- Keine Überkronenberegnung einsetzen.

Direkte Maßnahmen

- So weit möglich, befallene Triebe mechanisch entfernen.

Schadbild an Blättern und Früchten

Sprühfleckenkrankheit der Kirsche

Erreger: *Blumeriella jaapii* (Rehm) v. Arx

Auftreten, Bedeutung

In niederschlagsreichen Jahren können bei frühem Befall vor allem in Baumschulen, aber auch an Ertragsbäumen (Kirsche, Weichsel) große Schäden entstehen. Durch den frühzeitigen Laubverlust entwickeln sich weniger Früchte, bei jungen Bäumen wird das Wachstum beeinträchtigt und die Holzreife wird verzögert. Bäume, die immer wieder starken Befall aufweisen, sind anfälliger gegenüber Frost.

Krankheitsbild

An Blättern:

- Von Mai bis Juni findet man an den Blattoberseiten zahlreiche winzige, rundliche, unscharf begrenzte rötliche Flecken, die den Blättern ein gesprenkeltes Aussehen verleihen. An diesen Stellen stirbt das Gewebe ab und kann manchmal kleine, schrotschussartige Löcher hinterlassen.
- An den gegenüberliegenden Stellen der Blattunterseite bilden sich Sporenlager, die als auffallende weiße Beläge sichtbar sind.
- Die Flecken fließen oft längs der Mittelrippe des Blattes zusammen und nekrotisieren allmählich.
- Bei starkem Befall kommt es zum Vergilben der Blätter und zu anschließendem Laubfall (besonders in der unteren Kronenhälfte).

Krankheitserreger

Abgefallene Blätter stellen das Winterquartier des Pilzes dar. Hier entwickelt er sowohl seine Haupt- als auch seine Nebenfruchtform. Beide können bei regnerischem Wetter im Frühjahr Primärinfektionen auslösen. Über die Spaltöffnungen dringt der Pilz mit seinen Keimschläuchen in das Blatt ein und durchwuchert dieses als lockeres Myzel. Der Erreger übt auf die Blattzellen eine nur schwach toxische Wirkung aus, die betroffenen Stellen nekrotisieren daher nur langsam. In der Folge werden bei warmfeuchter Witterung innerhalb weniger Tage zahlreiche Sommersporen (Konidien) an den Blattunterseiten produziert, die durch Wind und Regen weiterverschleppt werden und weitere Blattschäden hervorrufen können.

Vorbeugende Maßnahmen

Ziel ist es, die Primärinfektionen im Frühjahr zu verhindern. Drei bis vier Behandlungen ab Ende Mai mit genehmigten Fungiziden sind ausreichend.

- Resistente Sorten verwenden.
- Abbau des Falllaubes beschleunigen (Regenwurmförderung, Harnstoffspritzungen bei Laubfall).

Kräuselkrankheit des Pfirsichs

Erreger: *Taphrina deformans* (Berk.) Tul.

Auftreten, Bedeutung

Die Kräuselkrankheit ist die gefährlichste Pilzkrankheit des Pfirsichs. Vor allem der zeitige Laubverlust kann die Bäume stark schwächen bzw. bei mehrjährigem, starkem Befall auch vernichten.

Krankheitsbild

An den Blättern:

- bereits kurz nach dem Austrieb blasige Auftreibungen und gelb bis rötlich gefärbte Kräuselungen der Blätter
- Blätter oft aufgerichtet, brüchig und stark vergrößert
- Auf den Schadstellen entwickelt sich ein samtartiger weißer Belag. Stark befallene Blätter vertrocknen und werden abgeworfen.

An den Früchten:

- grünliche bis rote Verfärbungen
- Fruchtdeformationen (selten)

Krankheitserreger

Der Krankheitserreger überwintert primär an der Oberfläche von Zweigen und Knospenschuppen, von wo er im Frühjahr durch Niederschläge auf die auskeimenden Blätter gespült wird. Der Pilz dringt in das Blatt ein und verursacht die Verformungen. An den geschädigten Blättern bilden sich zahlreiche Schlauchkörper, die aufplatzen und Schlauchsporen entlassen, die wiederum auf die Triebe gelangen (= Winterquartier). Ein neuerlicher, späterer Austrieb bleibt meistens gesund und daher symptomlos, da der Pilz im selben Jahr keine weiteren Sporen ausbildet.

Neben Pfirsichbäumen befällt die Krankheit auch Nektarinen und Mandelbäume.

Vorbeugende Maßnahmen

Das Ziel aller Maßnahmen ist es, die Infektkette des Pilzes während der Vegetationsruhe des Baumes zu unterbrechen.

- Kupferpräparate (lange Wirkungsdauer) oder synthetische Fungizide unbedingt vor dem Knospenschwellen einsetzen.
- Folgt der Behandlung eine trockene, warme Witterungsperiode (in der keine Infektionen stattfinden können), sollte der Einsatz synthetischer Präparate vor Niederschlägen wiederholt werden.
- Behandlungen nach erfolgter Infektion sind wirkungslos.
- Auf lückenlosen Belag achten.

Achtung! Bereits ab Jänner kann es bei milder Witterung und anschließenden Niederschlägen zu Infektionen kommen!

Taschenkrankheit der Zwetschke

Erreger: *Taphrina pruni* Tul.

Auftreten, Bedeutung

Das Auftreten der Erkrankung ist stark witterungsabhängig. Nur in rauen Lagen oder bei kühlem, feuchtem Wetter zur Blütezeit ist mit größeren Schäden zu rechnen. Besonders anfällig ist die Hauszwetschke mit ihren Spielarten.

Krankheitsbild

An Früchten:

- Gleich nach der Blüte entwickeln sich die Jungfrüchte zu verkrümmten, flach gedrückten, schotenförmigen Gebilden (Taschen). Diese Taschen werden ca. 1 bis 2 cm dick und 4 bis 6 cm lang und sind damit deutlich größer als gleichaltrige gesunde Früchte, da der Pilzbefall eine enorme Zellvermehrung bewirkt.
- Das Fruchtfleisch bleibt hart und saftlos.
- Da die Taschen nicht durch eine normale Befruchtung, sondern durch eine vom Pilz ausgelöste Reizwirkung entstehen, sind die Samen und das Endokarp verkümmert.
- Die infizierten Früchte enthalten statt eines Steines einen lang gestreckten Hohlraum.
- Die Fruchtoberfläche ist von einem weißlichen Belag überzogen.
- Missgebildete Früchte schrumpfen, werden braun und fallen ab.

Krankheitserreger

Die Biologie des Erregers der Taschenkrankheit ist noch nicht vollständig geklärt. Ähnlich wie der Erreger der Kräuselkrankheit dürfte der Pilz an den Trieboberflächen überwintern. Herrscht zur Blütezeit kühles, regnerisches Wetter, so kann die Krankheit schlagartig auftreten. Sie tritt daher eher in mehrjährigen Intervallen auf. Man nimmt an, dass die Fruchtknoten unter bestimmten Bedingungen von außen infiziert werden.

Die an der Oberfläche der Früchte gebildeten Schlauchsporen (als weißer Belag sichtbar) dienen der weiteren Verbreitung.

Vorbeugende Maßnahmen

- 1–2 Behandlungen mit synthetischen Fungiziden kurz vor Öffnung der Blütenknospen und zur Hauptblüte

Direkte Maßnahmen

- Befallene Früchte sofort abpflücken und vernichten.

Zwetschkenrost

Erreger: *Tranzschelia pruni-spinosae* (Pers.) Dietel; *Tranzschelia discolor* (Fuckel) Tranzschel et Litvinov

Auftreten, Bedeutung

Der zeitige Laubfall wirkt sich besonders in Baumschulen schädigend aus. Bei späten Zwetschkensorten hat die Krankheit negative Folgen auf die Fruchtqualität.

Außer Zwetschken werden in selteneren Fällen auch Marillen und Pfirsiche befallen.

Krankheitsbild

An den Blättern:

- mosaikartige, kleine gelbe Flecken an der Blattoberseite, braune und schwarze Sporenpusteln an der Blattunterseite
- Frühzeitig und stark befallene Blätter vertrocknen und werden abgeworfen.

Krankheitserreger

Mit Hilfe der an den Blattunterseiten gebildeten braunen Sommersporen des Pilzes wird die Krankheit von Blatt zu Blatt und von Baum zu Baum verbreitet. Unter günstigen Bedingungen können im Laufe des Sommers nacheinander fünf bis sechs Generationen von Sommer(-Uredo)sporen entstehen.

Im Herbst bilden sich schwarze Winter(-Teleuto)sporen, mit denen der Erreger an den abgefallenen Blättern überwintert. Das Infektionsmaterial gelangt von dort im Frühjahr auf diverse Anemonenarten. An den Blättern der Anemonen bilden sich Fruchtkörper des Pilzes, aus denen Sporen entlassen werden, die Infektionen an den Zwetschkenblättern hervorrufen.

Der Zwetschkenrost zählt zu den wirtswechselnden Rostpilzen. Der Wirtswechsel ist aber nicht obligat, das heißt, dass die Anemonen für die Entwicklung der Krankheit nicht essenziell sind (die im Falllaub gebildeten Sporen können direkt Infektionen an Zwetschken auslösen).

Direkte Maßnahmen

- Behandlungen mit genehmigten Fungiziden, sobald die ersten Symptome an den Blattoberseiten sichtbar werden (Kontrolle auf vorhandene Symptome Mitte und Ende Juni)

Schadbild an der Blattoberseite

Schadbild an der Blattunterseite

Blattbräune der Marille

Erreger: *Apiognomonia erythrostoma* (Pers.) v. Höhnel

Auftreten, Bedeutung

Die Krankheit kann zu einer ernsten Gefahr für die betroffenen Marillenbäume werden. Durch den frühzeitigen Blattfall werden die Früchte nur notreif und der Blütenknospenansatz für das folgende Jahr ist verringert.

Infolge der verminderten Einlagerung von Reservestoffen (und daraus resultierender mangelnder Holzreife) sind die befallenen Bäume besonders frostgefährdet.

Krankheitsbild

An Blättern:

- Ab Mitte Juni erscheinen vor allem an den Blatträndern und Blattspitzen undeutliche helle Flecken. Diese vergrößern sich später, fließen zusammen und können so die gesamte Blattspreite bedecken.
- Das Gewebe innerhalb der Flecken stirbt ab, verbräunt und vertrocknet.
- Die Blattränder rollen sich ein und bei starkem Befall kommt es zu vorzeitigem Laubfall.

Krankheitserreger

Die Marillenblattbräune wird vorwiegend durch Infektionen von Ascosporen ausgelöst, die sich im Falllaub der im Vorjahr infizierten Blätter entwickeln. Sie reifen ca. zwei bis drei Wochen nach der Blüte, werden nach längeren Niederschlägen aus ihren Fruchtkörpern ausgeschleudert und gelangen über Luftströmungen auf das austreibende Laub. Finden sie dort optimale Bedingungen, so können sie keimen und sich weiterentwickeln. Der Pilz wächst im Blatt weiter und nach einer Inkubationszeit von ca. 20 bis 35 Tagen werden die ersten Blattsymptome sichtbar.

Sekundäre Infektionen im Sommer sind nur selten zu beobachten.

Vorbeugende Maßnahmen

- Vernichtung des Falllaubes
- Behandlung des Laubes mit Harnstoffpräparaten im Herbst
- regelmäßiger Einsatz von synthetischen Fungiziden von Blattaustrieb bis Juni

Schadbild am Blatt

Krankheiten im Detail: Beerenobst

Graufäule der Erdbeere

Erreger: *Botrytis cinerea* Persoon

Auftreten, Bedeutung

Bei feuchtkühler Witterung während der Blüte muss mit schweren Ernteverlusten gerechnet werden. Je älter die Erdbeeranlage, desto größer ist das Risiko eines starken Graufäulebefalls.

Die Krankheit tritt sowohl an unreifen Früchten als auch an reifen oder bereits geernteten Erdbeeren auf. Besonders gefährdet sind am Boden liegende Früchte.

Krankheitsbild

An den Früchten:

- Braunfärbungen, die an jedem Teil der Frucht auftreten können. Zumeist nehmen sie ihren Ausgang an der Kelchregion bzw. an Stellen, die Faulstellen anderer Früchte berühren.
- Infizierte reife Früchte haben eine weiche, zunächst wässrige Konsistenz.
- Bei feuchtem Wetter entsteht ein grauer Pilzrasen, der die Frucht vollkommen bedeckt.

Krankheitserreger

Der Pilz überwintert in Form von Dauerkörpern an mumifizierten Beeren und abgestorbenen Blattresten.

Im Frühjahr entwickeln sich Sporen, die während der Blüte Infektionen an den Blütenorganen hervorrufen. Nach einer

Graufäule der Erdbeere, Schadbild an der Frucht

Latenzperiode entwickelt sich der Pilz erst im Zuge der Fruchtreife weiter. Der Krankheitsausbruch wird durch feuchtes, warmes Wetter begünstigt, der Pilz durchwächst innerhalb weniger Tage die reifende Frucht und es entsteht das typische Schadbild.

Vorbeugende Maßnahmen

- Einer einjährigen Kulturführung ist der Vorzug zu geben. (Der Befall baut sich auf.)
- Bei zweijährigen Kulturen sollten abgestorbene Pflanzenreste nach der Ernte und im Frühjahr entfernt werden.
- Weite Pflanzabstände, einreihige Pflanzsysteme und luftige, sonnige Standorte führen zu einem trockeneren Mikroklima.
- Strohunterlage oder Mulchfolie verhindern das Aufliegen der Früchte am Boden.
- Unkrautregulierung durchführen und Ausläufer entfernen.
- Beregnung frühmorgens durchführen, niemals abends.
- Übermäßige Stickstoffdüngung vermeiden.

Direkte Maßnahmen

- Bei der Ernte mehrmals durchpflücken, erkrankte Früchte entfernen.
- Je nach Niederschlagssituation sind zwei bis drei Behandlungen mit genehmigten synthetischen Fungiziden ausreichend, diese sollten möglichst alle Blütenstadien erfassen.
- Kulturangepasste Applikationsgeräte verwenden, um eine allseitige Benetzung zu gewährleisten (keine Feldspritzen).
- Aufgrund der Gefahr der Resistenzbildung des Erregers ist ein Wirkstoffwechsel vorzusehen.

Graufäule der Erdbeere: Niederschlagsperioden während der Blüte bieten ideale Infektionsbedingungen.

Schwarze Fruchtfäule/Anthraknose

Erreger: *Colletotrichum acutatum* Simmonds

Auftreten, Bedeutung

Colletotrichum acutatum ist als Quarantäneschadorganismus im Anhang IIA des Pflanzenschutzgesetzes 1995 idgF. angeführt und unterliegt daher der Meldepflicht gemäß § 40 Pflanzenschutzgesetz 1995. Er tritt an einer Vielzahl von Kulturen auf, wirtschaftlich von Bedeutung vor allem an Erdbeeren.

Der Erreger wurde in Österreich erstmals 1997 an Erdbeeren nachgewiesen. Die Krankheit verursacht in warmen Frühsommern mit Niederschlagsperioden während der Erntezeit starke Ausfälle an Erdbeeren. Liegen zudem die Temperaturen über 20 °C, führen die in Sporenlagern gebildeten Konidien zu einer raschen Ausbreitung der Krankheit im Bestand (z. B. bei der Pflücke!). Besonders betroffen sind immertragende Erdbeersorten.

Probleme mit *C. acutatum* treten hauptsächlich durch die Verwendung infizierten Pflanzgutes auf. Deshalb kann durch das konsequente Setzen phytosanitärer Maßnahmen das Auftreten des Erregers eingedämmt werden.

Krankheitsbild

- Systemisch infizierte Pflanzen können im Frühjahr durch gehemmtes Wachstum auffallen.
- Im Rhizomschnitt zeigen sich diffuse Verbräunungen.
- Unspezifische Schadsymptome können schwarze, häufig entlang den Blattadern angeordnete, kreisrunde Blattflecken von 0,5 bis 2 mm Durchmesser sein.

Typisch für einen Befall durch *Colletotrichum* sind Anthraknosesymptome an Früchten, Ausläufern, Blatt- und Fruchtstielen:

- Fruchtsymptome zeigen sich zunächst als kreisrunde braune Flecken, die im weiteren Krankheitsverlauf größer werden, sich schwarz verfärben und tief ins Gewebe einsinken. Es können sowohl grüne als auch reife Früchte befallen werden. In manchen Fällen treten die Symptome an bei der Ernte gesund erscheinenden Früchten erst im Handel in Erscheinung.
- Bei einer Infektion der Blattstiele und Ausläufer werden zunächst längliche braune Flecken sichtbar, die sich in weiterer Folge schwarz verfärben, vertrocknen und einsinken. Meist sind diese Flecken von einem roten Vorhof umgeben. Umfassen sie das gesamte Gewebe, so ist der Wasser- und Nährstofftransport unterbunden, die Pflanzenteile sterben

Fruchtsymptome

ab. Besonders problematisch sind Infektionen an Ausläufern: Selbst wenn bereits eine Bewurzelung erfolgte, sind die „Kindeln“ latent infiziert und für die Vermehrung unbrauchbar.
- An der Oberfläche der Befallsstellen bilden sich unter feuchten Bedingungen zahlreiche hellrosa Sporenlager.

Diese typischen Symptome der Krankheit treten in warmen, niederschlagsreichen Jahren bzw. bei Überkronenberegnung stark auf. In trockenen Jahren können auch nur die unspezifischen Symptome sichtbar sein.

Vorbeugende Maßnahmen

- Zukauf von kontrolliertem, zertifiziertem Pflanzgut, Untersuchung des Pflanzguts auf latente Infektionen (an befallenem Frigo-Pflanzgut sind die Symptome visuell nicht zu erkennen!)
- weit gestellte Fruchtfolge (mindestens 3 Jahre Abstand zur letzten Erdbeerkultur)

Weitere Präventivmaßnahmen:
- weite Pflanzabstände, einreihige Pflanzsysteme und luftige, sonnige Standorte
- Unkrautregulierung durchführen und Ausläufer entfernen.
- Beregnung frühmorgens durchführen, niemals abends.
- Übermäßige Stickstoffdüngung vermeiden.
- Strohunterlage bzw. Mulchfolie verhindert das Aufliegen der Früchte am Boden.
- kulturangepasste Pflanzenschutzmittelapplikation (keine Feldspritzen), auf eine allseitige Benetzung achten

Direkte Maßnahmen

Bei Verdacht auf Befall:
- Verständigung des Amtlichen Pflanzenschutzdienstes
- regelmäßiges Entfernen erkrankter Pflanzen
- Bei starkem Befall ist das Feld umzubrechen. Erdbeeren sollten zwei Jahre nicht nachgepflanzt werden.
- Direkte Behandlung mit genehmigten synthetischen Fungiziden ab dem Zeitpunkt des Blütenstängelschiebens. Bei latent infizierten Pflanzen ist nur mit einer Teilwirkung zu rechnen.

Symptome an Ausläufern

Welkekrankheit der Erdbeere

Erreger: *Verticillium dahliae* Kleb.

Auftreten, Bedeutung

Vor allem auf leichten Böden entwickelte sich die Verticilliumwelke in den letzten Jahren zu einer sehr ernst zu nehmenden Krankheit an Erdbeeren.

Hauptgrund dafür sind eine sehr warme Witterung und der breite Wirtspflanzenkreis des Erregers (über 300 Pflanzenarten).

Krankheitsbild

- Welken der Pflanzen in Stresssituationen (bei hohen Temperaturen im Sommer bzw. während der Fruchtreife)
- Welke tritt beginnend an den äußeren Blättern ein, die Herzblätter bleiben grün, sind im Wachstum aber stark gehemmt.
- stark verkürzte Blatt- und Fruchtstiele
- Die Ausläufer- und Blattbildung ist reduziert.
- Bei fortgeschrittenem Befall sind im Rhizomschnitt braun gefärbte Gefäßbündel sichtbar.

Krankheitserreger

Durch die Ausbildung von Dauerorganen (Mikrosklerotien bzw. dickwandiges Dauermyzel) überlebt der Pilz im Boden auch ohne geeignete Wirtspflanzen. Bei entsprechend günstigen Bedingungen keimen die Mikrosklerotien, die Hyphen dringen direkt über Wurzelhaare oder Verletzungen des Wurzelsystems ein. Sie entwickeln sich in den Gefäßen der Pflanze (Tracheomykose) und blockieren die Wasserleitung zu den Blättern und Früchten. Auch eine Übertragung durch das Pflanzgut ist möglich.

Schadbild in der Kultur

Vorbeugende Maßnahmen

- Weit gestellte Fruchtfolge:
  Ungünstige Vorfrüchte, die von Verticillium derselben Kompatibilitätsgruppe befallen werden, sind u.a. Erdbeeren, Kartoffeln, Tomaten, Paprika, Lein und Leguminosen (Luzerne!). Günstig einzustufen: Getreide, Phacelia
- Vor der Pflanzung den Boden auf Befall durch Mikrosklerotien des Pilzes untersuchen lassen.
- Gesundes Pflanzgut verwenden.
- Reduktion der N-Düngung (Stark wachsende Pflanzen mit hohen N-Gehalten sind stärker betroffen.)
- Sortenwahl beachten!
  Als relativ robust gegenüber Verticillium werden folgende Sorten beschrieben: 'Pegasus', 'Florence', 'Pandora', 'Bogota', 'Ostara' und 'Selva'.
  Anfällig sind u. a. 'Elsanta' und 'Honeoye'.

Direkte Maßnahmen

- Präparate zur chemischen Bodenentseuchung sind in Mitteleuropa zur Zeit nicht zugelassen.
- Mittels thermischer und biologischer Verfahren ist eine Reduktion des Pilzinokolums im Boden möglich. Dazu wird frischer Grünschnitt in den Boden eingearbeitet, beregnet und mit schwarzer Folie abgedeckt. Der rasche Abbau der organischen Substanz bewirkt eine Erwärmung sowie gleichzeitig einen Sauerstoffabbau und anaerobe Bedingungen im Boden und hat einen sterilisierenden Effekt.

Dammkulturen, die erfolgreich bei Böden mit Phytophthoraarten und Pilzen, die für die Schwarze Wurzelfäule verantwortlich sind, verwendet werden, sind vor einem Verticilliumbefall nicht gefeit!

Schadbild an der Einzelpflanze

Rhizomfäule, Lederfäule

Erreger: *Phytophthora cactorum* (Lebert et Cohn) Schroeter

Auftreten, Bedeutung

Besonders auf kühlen, feuchten Standorten kann die Rhizomfäule zu großen Verlusten führen. Besonders empfindlich reagieren Frigo-Pflanzen.

Die Krankheit ist deshalb sehr ernst zu nehmen, weil der Pilz Dauerformen bilden kann, die jahrelang auch ohne Wirtspflanze im Boden überleben können. Auf trockenen, sandigen Böden von geringer Bedeutung.

Krankheitsbild

Rhizomfäule:
Erste Symptome treten meist knapp nach der Pflanzung auf:

- Die Herzblätter welken schlagartig, verfärben sich oft blaugrün und verbräunen anschließend.
- Innerhalb weniger Tage kollabiert die ganze Pflanze.
- Hebt man eine infizierte Pflanze hoch, reißt sie oft am oberen Ende der Krone ab.
- Im Rhizomschnitt zeigt sich eine charakteristische rotbraune Färbung an, mit einer markanten Abgrenzung zum gesunden Gewebe.

Lederfäule:

- Zähe, gummiartige Früchte, die sich bei der Ernte ledrig anfühlen und fad bis bitter schmecken.

Krankheitserreger

Die Infektionen erfolgen an der Bodenoberfläche. Vom Rhizom aus dringt der Pilz in die Wurzeln ein. Die Erdbeerpflanzen sind im Frühjahr anfällig für Infektionen, da die Pflanze um diese Zeit unter Stress steht. Im Oktober und November nimmt die Aktivität des Pilzes aufgrund der tieferen Temperaturen ab.

Vorbeugende Maßnahmen

- Nasse, schwere Böden sind für den Erdbeeranbau schlecht geeignet.

Rhizomfäule

- Verbesserung der Bodenstruktur durch Einbringung von Gründüngungspflanzen oder anderer organischer Substanzen und Pflanzung der Erdbeeren auf Dämmen (Abdeckung mit weißer Mulchfolie und integrierter Tröpfchenbewässerung)
- Stroheinlage verhindert den Kontakt der Früchte mit dem Boden.
- Ungeeignete Vorkulturen: Phacelia, Solanaceaen, Fabacaen
- Sortenwahl beachten!
  Robuste Sorten sind 'Madeleine', 'Florence', 'Pandora', 'Pegasus', 'Symphony', 'Vima Zanta' u. a.
  Anfällig sind u. a. 'Elsanta' und 'Honeoye'.
- Grünpflanzen sind weniger anfällig als Frigo-Pflanzen.

Direkte Maßnahmen

Rhizomfäule:

- Bandbehandlung etwa zwei Wochen nach der Pflanzung und im Herbst mit zugelassenen Fungiziden, bei Tauchbehandlungen der Pflanzen muss danach unbedingt beregnet werden.

Lederfäule:

- Bei Problemlagen für die Botrytisbehandlung Präparate mit Nebenwirkung auf die Lederfäule verwenden.

Lederfäule

Rote Wurzelfäule der Erdbeere

Erreger: *Phytophthora fragariae* var. *fragariae* Hickmann

Auftreten, Bedeutung

Infektionen erfolgen durch Dauersporen im Boden, die Hauptinfektionsquelle stellt infiziertes Pflanzgut dar. Vor allem auf feuchten, schweren Böden ist der Erreger sehr gefährlich und kann zum Zusammenbruch ganzer Anlagen führen.

Rote Wurzelfäule im Feld

Krankheitsbild

Die Symptomausbildung der oberirdischen Pflanzenteile kann mit Symptomen anderer

Krankheitserreger verwechselt werden.

- Der Befall erfolgt meist nesterweise und die Pflanzen fallen durch ihren gestauchten Habitus (verkleinerte Blätter, verkürzte Stiele) auf.
- Die Fruchtentwicklung unterbleibt gänzlich oder es entwickeln sich Kümmerfrüchte, die noch vor der Ernte vertrocknen.

Eindeutig sind die Wurzelsymptome:

- Da die Faserwurzeln weitgehend fehlen, sind die Hauptwurzeln glatt, kahl und verdickt. Dieses Erscheinungsbild wird daher „Rattenschwanz" genannt.
- Im Längsschnitt erscheint der Zentralzylinder rot verfärbt.
- Da befallene Wurzeln verrotten, sind diese Symptome im Frühjahr am besten erkennbar. Ansonsten ist ein Befall durch den Erreger nur durch mikroskopische oder andere diagnostische Untersuchungen festzustellen.

Krankheitserreger

Nach erfolgter Primärinfektion sterben zuerst die Spitzen der jungen Wurzeln ab. Im Längsschnitt zeigen Erdbeerwurzeln die charakteristische Rotbraunverfärbung des Zentralzylinders (die wenige Stunden nach der Besiedelung durch den Erreger entsteht). Schreitet die Infektion fort, so sterben die Wurzeln allmählich ab.

Um die heißen Sommermonate zu überdauern, bildet der Pilz unempfindliche Dauersporen. Sind die Bedingungen wieder günstiger, werden begeißelte Zoosporen entlassen, die sich zu den gesunden Wurzeln hinbewegen. Dort verursachen sie weitere Infektionen. Dauersporen können bis zu zehn Jahre in einer Ruhepause im Boden verharren, ehe sie keimen.

Da freies Wasser im Boden für die Verbreitung der Zoosporen unumgänglich ist, stellt die Krankheit in Gebieten mit über 1000 mm Jahresniederschlagsmenge eine große Gefahr dar, ca. 550 mm sind bei schweren, kompakten Böden ebenfalls ausreichend.

Vorbeugende und direkte Maßnahmen

- Zukauf von kontrolliertem, zertifiziertem Pflanzgut, Untersuchung des Pflanzguts auf latente Infektionen (an befallenem Frigo-Pflanzgut sind die Symptome visuell nicht zu erkennen!). Die Krankheit ist eine Quarantänekrankheit. Bei Verdacht: Amtlichen Pflanzenschutzdienst verständigen!
- weitere vorbeugende und direkte Maßnahmen sowie Sortenwahl: siehe Rhizomfäule

Typisches Symptom: brauner Zentralzylinder

Schwarze Wurzelfäule

Erreger: *Fusarium* spp., *Cylindrocarpon* spp., *Rhizoctonia* spp., *Pythium* spp., *Alternaria* spp. u. a.

Auftreten, Krankheitserreger

Tritt auf schwereren, verdichteten Böden häufig auf. Verantwortlich sind weit verbreitete Bodenpilze. Häufig sekundär nach vorangegangener Schädigung durch Frost, *Verticillium* sp., *Phytophthora* sp. oder verschiedene frei lebende Nematodenarten (*Pratelynchus* sp., *Longidorus* sp.)

Krankheitsbild

Oberirdische Schäden werden v. a. bei warmer Witterung sichtbar (Stress):

- kümmernde Pflanzen mit kleinen Blättern
- Die Früchte bleiben klein und sind nicht marktfähig.
- Das gesamte Wurzelsystem verfault.
- abgestorbene Faserwurzeln
- Die zerstörte, schwarz verfärbte Rinde der Hauptwurzeln lässt sich abziehen, der weiße, feste Zentralzylinder bleibt. Das Rhizom ist häufig befallsfrei.

Vorbeugende Maßnahmen

- Vermeiden nasser, schwerer Böden und Verbesserung der Bodenstruktur durch Zufuhr organischer Substanz
- Durch Dammkulturen kann dieses Problem weitgehend entschärft werden.
- weit gestellte Fruchtfolge (Kartoffeln, Tomaten, Erdbeeren als Vorfrucht meiden)
- Flächen mit Nematodenbefall meiden (Bodenuntersuchung !).
- Sortenwahl beachten!
  Wenig anfällig gegenüber Wurzelkrankheiten: 'Darline', 'Darselect', 'Darstella', 'Majoral', 'Maraline', 'Marmolada', 'Mars', 'Merkur', 'Pegasus', 'Petrina', 'Symphony', 'Thuriga'
  Hochanfällig gegenüber Wurzelkrankheiten: 'Elsanta', 'Honeoye', 'Lambada', 'Gerida'

Direkte Maßnahmen

- Eine direkte Bekämpfung ist nicht möglich.

Schadbild an den Wurzeln

Erdbeermehltau

Erreger: *Sphaerotheca macularis* (Wallroth éx Fries) Magnus

Auftreten, Bedeutung

Problematisch ist der Erdbeermehltau vor allem im geschützten Anbau, wo der Mehltau schon sehr früh auftritt und es auch zu einem starken Fruchtbefall kommen kann. Bei anfälligen Sorten (z. B. 'Lambada') treten auch im Freiland Blüten- und Fruchtinfektionen auf, die zu Ertragsverlusten und verminderter Qualität führen.

Praxisbeobachtungen und auch verschiedene Versuche zeigen aber, dass im Freilandanbau ein später Mehltaubefall der Blätter nach der Ernte geringe Auswirkungen auf den Ertrag im Folgejahr hat.

Krankheitsbild

An Blättern:

- Der Befall geht meist von den Blatträndern aus, befallene Stellen verfärben sich an den Blattunterseiten rot, Blätter rollen sich nach oben hin ein und vertrocknen.
- Wenn der Pilz besonders günstige Wachstumsbedingungen vorfindet und sehr junge Blätter infiziert wurden (z. B. im Folientunnel oder Glashaus), kann man häufig auch Myzel an den Blattoberseiten sowie Kleistothecien des Pilzes erkennen.

An Blüten und Früchten:

- Die befallenen Blüten sind entweder deformiert oder sterben gänzlich ab.
- Geringere Pollenproduktion und daraus resultierender schwacher Fruchtansatz sind die weitere Folge.
- Unreife Früchte bleiben grünbraun und hart, sie reifen nicht aus.
- Werden reife Früchte befallen, so zeigen sie sehr weiche Konsistenz. Das Pilzmyzel breitet sich von den Nüsschen über das gesamte Fruchtfleisch aus.

Krankheitserreger

Der Pilz überwintert hauptsächlich an den grünen Erdbeerblättern. Im Frühjahr schnürt er Konidien ab, die durch Übertragungen durch den Wind auf die noch nicht vollständig entfalteten jungen Blätter gelangen

Schadbild an Blättern bei Kultur im Freien

und so die primären Infektionen hervorrufen. Eine weitere Quelle für Primärinfektionen sind Ascosporen, die in ihren Fruchtkörpern am Laub oder auf den Ausläufern heranwachsen.

Mit den ersten Infektionen muss gerechnet werden, sobald eine Woche lang Temperaturen von 10 °C auftreten. Besonders rasch kann sich der Pilz ausbreiten, wenn Temperaturen von über 20 bis 25 °C bei gleichzeitiger hoher Luftfeuchtigkeit herrschen. Starke Regenfälle und kalte Witterung hemmen die Entwicklung des Erregers.

Schadbild an Blättern bei Kultur im Gewächshaus

Vorbeugende Maßnahmen

- Sortenwahl beachten!
  Wenig anfällig gegenüber Erdbeermehltau sind u. a. 'Darline', 'Madeleine', 'Mars', 'Pegasus'.
  Erhöht anfällig sind u. a. 'Darselect', 'Elvira', 'Gorella', 'Lambada'.
- Windgeschützte, eingeschlossene Lagen meiden und optimalen Pflanzabstand wählen. (Dichte Pflanzungen und mehrreihige Systeme begünstigen den Pilzbefall.)
- Einjährige Kulturführung
  Bei zweijähriger Kultur: Abmähen des Erdbeerlaubes im Herbst (Nicht zu früh durchführen, sonst gibt es Ernteverluste im Folgejahr.)
- Keine einseitige Stickstoffdüngung durchführen.
- Behandlungen mit synthetischen Fungiziden zu Blühbeginn starten und in regelmäßigen Abständen während der gesamten Vegetationsperiode fortsetzen.

Schadbild an Früchten

Eckige Blattfleckenkrankheit der Erdbeere

Erreger: *Xanthomonas fragariae* Kennedy & King

Bedeutung, Krankheitserreger

Das Bakterium *Xanthomonas fragariae* ist ein Quarantäneschaderreger. Ein Befall ist dem zuständigen Amtlichen Pflanzenschutzdienst zu melden. Ausgangspunkt für Infektionen ist meist systemisch infiziertes Pflanzgut. Besonders bei regenreichen Frühjahren bzw. Überkronenberegnung von Bedeutung. In der Vermehrung erfolgt eine Übertragung von der Mutterpflanze zu den Kindeln.

Krankheitsbild

- An der Blattunterseite bilden sich 1 bis 4 mm große, eckige, von den Blattadern umgrenzte, wässrige Flecken, die bei Gegenlicht durchscheinend und bei Auflicht schwarz erscheinen.
- Bei hoher Luftfeuchtigkeit bzw. Niederschlägen kann blattunterseits cremefarbener bis gelber Bakterienschleim austreten, der über Tröpfchen, Wind, aber auch über Geräte und Kleidung zu einer Ausbreitung der Krankheit führen kann.
- Blattgewebe stirbt großflächig ab und erscheint rotbraun.
- Auch auf Kelchblättern: Verbräunung bei äußerlich gesunden Früchten

Vorbeugende Maßnahmen

- Zukauf von kontrolliertem, zertifiziertem Pflanzgut, Untersuchung des Pflanzguts auf latente Infektionen (an befallenem Frigo-Pflanzgut sind die Symptome visuell nicht zu erkennen!).
- Windgeschützte, eingeschlossene Lagen sowie mehrreihige Pflanzsysteme vermeiden.
- Tröpfchenbewässerung statt Überkronenberegnung einsetzen, morgens bewässern, niemals abends.
- N-Düngung reduzieren.
- vorbeugende Behandlung mit registrierten Kupferpräparaten von Beginn des Blütenstängelschiebens bis zur Blüte

Direkte Maßnahmen

- Die Krankheit ist eine Quarantänekrankheit. Bei Verdacht: Amtlichen Pflanzenschutzdienst verständigen!

Schadbild an der Blattoberseite

Schadbild an der Blattunterseite

Weiß- und Rotfleckenkrankheit der Erdbeere

Erreger der Weißfleckenkrankheit: *Mycosphaerella fragariae* (Tul.) Lindau

Erreger der Rotfleckenkrankheit: *Diplocarpon earliana* (Ellis & Everh.) Wolf

Krankheitsbild

Weißfleckenkrankheit:

- Flecken v. a. an den Fiederblättern, aber auch an den Kelchblättern, Blatt- und Fruchtstielen und an den Ausläufern
- Die rotvioletten Blattflecken erreichen 3 bis 6 mm Durchmesser und werden später im Zentrum grau bis weißlich.
- Bei starkem Befall fließen die einzelnen Blattflecken zusammen, worauf die geschädigten Blätter und Blattteile absterben.

Rotfleckenkrankheit:

- zahlreiche unregelmäßige purpurrote Flecke (Durchmesser 1–5 mm) an Blättern, Blatt- und Fruchtstielen sowie Kelchblättern. Diese verfärben sich später bräunlich, weisen aber nie weiße Zentren auf.
- Benachbarte Flecken können ineinander fließen und die Blätter nach Rotfärbung zum Absterben bringen. Die Blätter rollen sich dabei nach oben hin ein.

Bedeutung

Die Weißfleckenkrankheit tritt sowohl an Wild- als auch an Kultursorten auf.

Die Rotfleckenkrankheit findet man entweder während feuchter Frühjahrsmonate oder erst nach der Ernte.

In einjährigen Kulturen spielen die beiden Erreger kaum eine Rolle. Bei mehrjähriger Kulturführung können beide Krankheiten in niederschlagsreichen Jahren stark auftreten. Hinsichtlich der Anfälligkeit bestehen Sortenunterschiede.

Krankheitserreger

Mycosphaerella fragariae kann die Wintermonate in Form von Konidien oder Dauerkörpern (Sklerotien) überdauern. Meistens werden die Infektionen im Frühjahr allerdings durch in den Dauerkörpern gebildete Sporen verursacht.

Weißfleckenkrankheit an den Kelchblättern

Die Verbreitung während der Vegetationszeit findet durch Aneinanderreiben der Blätter oder durch Regenspritzer statt. Aufgrund des Übertragungsmodus können Verbreitungen nur über kurze Distanzen erfolgen, besonders starke Regenfälle können Epidemien auslösen.

Diplocarpon earliana überwintert ebenfalls hauptsächlich als Dauerkörper. Die dort produzierten Konidien infizieren die jungen Blätter im Frühjahr. Der weiteren Verbreitung dienen die an den Blattläsionen gebildeten Sporen.

Vorbeugende Maßnahmen

- Einjährige Kulturführung und optimale Pflanzabstände wählen.
- Bei anfälligen Sorten die älteren Blätter vor dem Setzen entfernen.

Direkte Maßnahmen

- Nacherntebehandlungen mit genehmigten Fungiziden sind nur bei mehrjähriger Kulturführung, niederschlagsreichen Jahren und anfälligen Sorten angebracht.

Rot- (Schadbild links) und Weißfleckenkrankheit (Schadbild rechts)

Holunderdoldenwelke

Fusarium sambucinum Fuckel, *Phoma sambuci-nigrae* (Sacc.) Montel

Auftreten, Bedeutung

An ungünstigen Standorten entstehen durch das vorzeitige Abfallen der Doldenstände hohe Ertragsverluste. Befallene Dolden sind nicht mehr marktfähig.

Krankheitsbild

- Erste Welkesymptome an den Dolden werden im Juli sichtbar. Die Symptome treten primär am Doldengerüst auf, erst infolge der Welke an den Doldenstielen vertrocknen auch die Beeren.
- Einzelne Seitenachsen der Doldenstände verfärben sich dunkelviolett, die Wasser- und Nährstoffzufuhr zu den Beeren wird unterbunden. Die betroffenen Beeren können nicht mehr ausreifen.
- Typisches Symptombild ist das Herabfallen von Teilen der Dolde bei der kleinsten Berührung.

Krankheitserreger

Langjährige Praxisbeobachtungen zeigen, dass verschiedene Faktoren das Auftreten der Krankheit fördern:

- Für den Holunderanbau schlecht geeignete Standorte: Muldenlagen mit lang anhaltenden Blattnässeperioden
- Sommer mit häufigen Niederschlagsperioden
- das Alter der Anlage (In älteren Beständen treten Symptome häufiger auf.)

Mittels künstlicher Infektionen mit verschiedenen aus erkrankten Dolden isolierten Pilzarten konnte nachgewiesen werden, dass zwei Pilze, *Fusarium sambucinum* und *Phoma sambuci-nigrae*, ein Welken der Dolden verursachen. Beide Pilze werden häufig in einjährigen Trieben erkrankter Bäume gefunden. *Phoma sambuci-nigrae* verursacht zudem Blattflecken, die in der Praxis häufig Vorboten für einen bevorstehenden Doldenwelkebefall sind.

Vorbeugende Maßnahmen

- Standortwahl: Anbau an gut geeigneten Standorten (besonnte Hanglagen)
- Für eine ausgewogene Nährstoffzufuhr sorgen.

Direkte Maßnahmen

- Einsatz zugelassener Pflanzenschutzmittel nach Niederschlagsperioden ab Anfang Juli

Doldenwelke: Verfärben der Seitenachsen

Fruchtfäuleerreger an Holunder

Colletotrichum sp., *Botrytis cinerea* Persoon

Auftreten, Bedeutung

Kann in niederschlagsreichen Sommern hoch sein.

Krankheitsbild

- *Colletotrichum:* Knapp vor der Ernte beginnen die Beeren zu welken, bei feuchter Witterung bilden sich auf der Oberfläche die Fruchtkörper des Pilzes mit der charakteristischen lachsfarbenen Sporenmasse.
- Im weiteren Verlauf trocknen die Beeren ein.
- Die Krankheit tritt auch auf besonnten Hanglagen auf, in denen die Doldenwelke nicht zu finden ist. Im Gegensatz zur Doldenwelke verbleiben die eingetrockneten Beeren oft noch wochenlang als Trockenbeeren am intakten Doldengerüst.
- In ungünstigen Lagen tritt *Colletotrichum* meist gemeinsam mit der Doldenwelke auf.
- Graufäuleinfektionen durch *Botrytis cinerea* sind anhand des grauen Sporenrasens knapp vor der Ernte erkennbar.

Krankheitserreger

Sowohl *Colletotrichum gloeosporioides* als auch *C. acutatum* wurden von befallenen Beeren isoliert. *C. gloeosporioides* tritt im Obstbau unter anderem an Apfel (besser bekannt als „Gloeosporium-Fäule"), Birne, Kirsche („Bitterfäule"), Pfirsich, Roter Johannisbeere („Mondscheinigkeit"), Erdbeere (ein Erreger der Anthraknose) und Heidelbeere (Anthraknose) auf, *C. acutatum* vor allem an Erdbeere.

Colletotrichum überwintert als Myzel in und auf abgestorbenen Trieben. Infektionen durch *Colletotrichum gloeosporioides* können während der gesamten Fruchtentwicklung erfolgen, wobei man aus Untersuchungen bei der Heidelbeere weiß, dass in einem Tem-

Grauschimmel an Holunderbeeren

Beeren befallen, Doldengerüst intakt

peraturbereich zwischen 15 und 27 °C eine Blattnässedauer von 12 h für Infektionen ausreicht. Die Verbreitung erfolgt bei starken Niederschlägen durch Tröpfchen. Gelangen Sporen auf die Beerenoberfläche, so keimen sie bei entsprechend langer Blattnässedauer aus und können aktiv die Fruchtschale durchdringen.

Der Pilz etabliert sich in den heranwachsenden Beeren, verursacht aber zunächst noch keine äußerlich sichtbaren Schäden. Erst mit zunehmender Reife der Beeren wird er aggressiver und es bilden sich die typischen Sporenlager an der Oberfläche aus.

Vorbeugende Maßnahmen

Obwohl der Holunder *(Sambucus)* nicht als Hauptwirt von *Colletotrichum* gilt, empfiehlt es sich in Anlagen, die im Vorjahr stark betroffen waren, für die Indikation zugelassene Pflanzenschutzmitteln nach Niederschlagsperioden einzusetzen.

Sporenlager von Colletotrichum auf Beeren

Brennnesselblättrigkeit der Johannisbeere

Erreger: *Black currant reversion disease*

Auftreten, Bedeutung

Obwohl große Sortenunterschiede hinsichtlich der Toleranz gegenüber Infektionen bestehen, sind generell alle für den Erwerbsanbau zur Verfügung stehenden europäischen Sorten der Schwarzen Johannisbeere anfällig.

Ertragsverluste (durch schlechte Befruchtung oder Fruchtfall) oder völlige Ertragsausfälle bei Anlagen Roter oder Schwarzer Johannisbeeren wurden beobachtet.

Krankheitsbild

Die ersten Symptome werden frühestens ein Jahr nach der Infektion sichtbar und beschränken sich anfangs auf einen oder mehrere Triebe. Erst im dritten oder vierten Jahr ist die gesamte Pflanze durchseucht.

An den Blättern:
Kleine, schmälere Blätter, Blattzähnung weniger ausgeprägt (runder und breiter), Anzahl der Hauptblattadern ist verringert. Diese Symptome sind nur bei genauer Betrachtung zwischen Mai und Juli an einzelnen Blättern erkennbar. Blätter, die sich während der Blüte entwickeln, sind chlorotisch.

An den Trieben:
Seitenknospen treiben vorzeitig aus.

An den Blüten:
Geringer Fruchtansatz trotz reichlicher Blüte. Einzelne Blütenknospen sind verkümmert oder es fehlt die Behaarung, Blütenblätter sind schmäler und spitzer als bei gesunden Pflanzen.

Übertragung

Die Übertragung erfolgt durch die Johannisbeerknospengallmilbe. Die Infektionen erfolgen im Frühling, wenn die Gallmilben von den alten Gallen auf die jungen Knospen abwandern.

Vorbeugende Maßnahmen

- Nur gesundes Pflanzmaterial aussetzen.
- Der Abstand zu infizierten Anlagen sollte mindestens 90 m betragen.
- vorbeugende Behandlungen mit genehmigten Akariziden ab Mitte März
- Sortenwahl beachten!
  Mittelstark anfällig: 'Ben Lomond'
  Wenig anfällig: 'Ometa', 'Titania'

Direkte Maßnahmen

- Abtötung der Gallmilben an den Stecklingen durch Wärmetherapie (40 Minuten bei 40 °C)

Schadbild an Blütenknospen

Amerikanischer Stachelbeermehltau

Erreger: *Sphaerotheca mors uvae* (Schweinitz) Berkeley & Curtis

Auftreten, Bedeutung

Der Erreger tritt sowohl bei Stachelbeeren als auch bei Schwarzen Johannisbeeren auf. Bei anfälligen Sorten und ungünstigen Lagen ist mit sehr hohen Ertragseinbußen zu rechnen.

Krankheitsbild

An den Trieben:

- An den grünen Trieben bildet sich ein weißer Belag.
- Erkrankte Triebe verkrüppeln und sterben ab.
- gestauchtes Triebwachstum

An den Früchten:

- weiße, später braune, pelzige Überzüge, die sich abwischen lassen (keine Fruchtinfektionen an Johannisbeeren!)

Krankheitserreger

Der Schadpilz überwintert in den Knospen (vor allem im Bereich der Triebspitzen) der

Triebsymptome

im Vorjahr befallenen Pflanzen. Im Frühjahr werden ab Austrieb zahlreiche Konidien abgeschnürt, die die Krankheit schnell verbreiten.

Vorbeugende Maßnahmen

- Sortenwahl: Die Verwendung mehltauresistenter Sorten steht als vorbeugende Maßnahme im Vordergrund.
  Mehltauresistent bzw. wenig anfällige

Fruchtsymptome

Johannisbeersorten sind u.a. 'Titania', 'Ceres', 'Ben Alder'.
Resistente Stachelbeersorten sind z. B. 'Invicta' und 'Rokula', wenig anfällig ist die Sorte 'Mucurines'.

- Regelmäßiges Auslichten der Sträucher; ein lockerer Aufbau sorgt für ein trockenes Mikroklima.

Direkte Maßnahmen

- Befallene Triebspitzen abschneiden. (Infiziertes Material sollte spätestens vor Austrieb entfernt sein.)
- 3–4 Behandlungen mit genehmigten Fungiziden ab Austrieb (Abstand zwischen den Behandlungen je nach Präparat 7–14 Tage). Achtung: Empfindlichkeit mancher Sorten gegenüber Schwefel- und Kupferpräparaten beachten.

Blattrandkrankheit der Johannisbeere

Physiologische Ursache

Auftreten, Bedeutung

Durch den Verlust von lebender Blattmasse sind starke Schäden möglich (häufiger bei Roter Johannisbeere).

Krankheitsbild

An den Blättern:
Ab Juni vergilben die Blattränder und sterben ab. Die Gewebepartien am Blattrand verfärben sich braun und rollen sich nach oben hin ein. Laubfall kann die Folge sein. Die Schäden treten zuerst an den älteren Blättern auf und breiten sich später auf das restliche Laub aus.

Schadensursache

- Störungen der Wasserbilanz auf Böden mit schlechter Kaliversorgung
- Verwechslungsmöglichkeit mit Laubschäden durch chloridhaltige Kalidünger oder trockenen Wind

Vorbeugende Maßnahmen

- Auf gute Wasserversorgung v. a. im Frühjahr und Sommer achten.
- Keine chloridhaltigen Dünger verwenden.
- Kalidüngung im Spätwinter bis sechs Wochen vor Austrieb

Vergilben der Blattränder

Septoria-Blattfleckenkrankheit der Schwarzen Johannisbeere

Erreger: *Mycosphaerella ribis* (Fuckel) Klebahn

Auftreten, Bedeutung

Durch den frühen Blattverlust werden die Sträucher stark geschwächt. Besonders in niederschlagsreichen Lagen kann der daraus folgende Ertragsverlust bedeutend sein.

Krankheitsbild

An den Blättern:

- kleine, braune, eckige Blattflecken
- Bei zeitigem Befall setzt eine von den Flecken ausgehende Vergilbung und anschließender Laubfall ein. Ältere Blätter reagieren weniger empfindlich.

Krankheitserreger

Im Inneren des Falllaubes erfolgt die Überwinterung des Pilzes in seinen Schlauchfruchtkörpern. Von dort werden von April bis Mai Sporen entlassen, die die Infektionen an den jungen Blättern hervorrufen.

Im Bereich der daraufhin entstehenden Schadflecken bilden sich punktförmige Konidienlager. Die dort gebildeten Konidien sorgen für eine rasche Ausbreitung der Krankheit. In eingeschlossenen Lagen bzw. niederschlagsreichen Jahren können im Hochsommer bereits ganze Bestände vollkommen durchseucht sein.

Vorbeugende und direkte Maßnahmen

Vorbeugende Behandlungen mit genehmigten Fungiziden kurz vor der Blüte beginnen und bis zur Ernte (Wartefristen beachten!) fortsetzen.

Bei sehr starkem Krankheitsauftreten eventuell auch nach der Ernte fortsetzen.

Schadbilder an Blättern

Säulchenrost der Schwarzen Johannisbeere

Erreger: *Cronartium ribicola* S. C. Fischer

Auftreten, Bedeutung

Ein starker Befall kann empfindliche Ertragseinbußen zur Folge haben. Vor allem die Folgeerscheinungen führen zu hohen Verlusten. Durch die frühe Entlaubung wird die Knospenbildung für das kommende Jahr ungünstig beeinflusst. Das nochmalige Austreiben der Pflanze im Herbst bewirkt eine erhöhte Frostanfälligkeit. Es gibt große Sortenunterschiede hinsichtlich der Krankheitsanfälligkeit.

Krankheitsbild

An den Blättern:

- An den Blattunterseiten entwickeln sich kleine hellgelbe Pusteln. Später ist die gesamte Unterseite der Blätter von einem lockeren, fädigen rostbraunen Belag überzogen.
- In der Folge sterben die Blätter ab und werden vorzeitig abgeworfen.

Krankheitserreger

Der Rostpilz infiziert die Triebe der Weymouthskiefer (= Hauptzwischenwirt). An der Rinde der betroffenen Kiefern entstehen nach einigen Jahren gelbe oder orangefarbene Fruchtkörper (Aecidien), die man als „Blasenrost" bezeichnet. Die im Frühjahr entlassenen Aecidiosporen gelangen auf die Johannisbeerblätter. Die Sommersporen des Pilzes, die sich an den Blattunterseiten bilden, sorgen für die Ausbreitung der Krankheit im Bestand, die Wintersporen (als braune Säulchen sichtbar) produzieren so genannte Sporidien, die wiederum fünfnadelige Kiefern infizieren. Da der Säulchenrost auch in Gegenden auftritt, in denen keine Weymouthskiefern wachsen, nimmt man an, dass die Überwinterung des Pilzes auch an der Johannisbeere möglich ist.

Vorbeugende Maßnahmen

- Standorte nicht in der Nähe von Weymouthskiefern auswählen.

Direkte Maßnahmen

- Behandlungen mit genehmigten Fungiziden ab dem Sichtbarwerden der ersten Symptome (Wiederholungen notwendig)
- weitere Behandlungen sofort nach der Ernte und zwei bis drei Wochen später
- Beim Ausbringen der Fungizide auf gute Benetzung der Blattunterseiten achten.

Schadbild an der Blattunterseite

Stachelbeer-Feuerschwamm

Erreger: *Phellinus ribis* (Schuhmacher) Quélet

Auftreten, Bedeutung

Vor allem bei alten, ungepflegten Anlagen Roter Johannisbeeren kann der Pilz große Schäden hervorrufen, da eine Heilung befallener Pflanzen nicht möglich ist und sich die Krankheit unter optimalen Bedingungen sehr rasch ausbreiten kann.

Krankheitsbild

- Besonders ältere Stachelbeer- und Johannisbeersträucher weisen vermindertes Triebwachstum auf bzw. sterben ab.
- Am Stammgrund, meist unmittelbar über dem Erdboden, bilden sich im fortgeschrittenen Krankheitsstadium 4 bis 10 cm große, braunschwarze Fruchtkörper.

Krankheitserreger

Die zahlreichen in den Fruchtkörpern des Stachelbeer-Feuerschwammes gebildeten Sporen können gesunde Sträucher über frische Wunden infizieren. Ist der Pilz in die Pflanze eingedrungen, wächst er im Holz weiter und bringt dadurch den Strauch nach und nach zum Absterben. Nach einigen Jahren der Erkrankung bilden sich am Wurzelhals die typischen Fruchtkörper.

Vorbeugende Maßnahmen

- Verletzungen des Stammes (besonders in Bodennähe) vermeiden.

Direkte Maßnahmen

- Infizierte Sträucher sofort entfernen.

Feuerschwamm-Fruchtkörper am Stammgrund

Himbeerrutenkrankheit

Erreger: *Didymella applanata* (Niessl) Sacc., *Leptosphaeria coniothyrium* (Fuckel) Sacc.

Auftreten, Bedeutung

Die Rutenkrankheit tritt verbreitet auf und ist im Erwerbsanbau vor allem bei ungünstigen Kulturbedingungen oder vorangegangenen Verletzungen von wirtschaftlicher Bedeutung.

Krankheitsbild

An den Ruten:

- Bei einem Befall durch *Didymella* werden im Laufe des Frühjahres oder Sommers an der Rinde der Jungruten braune bis violette Läsionen sichtbar. Sie nehmen ihren Ausgang meist von den Blattachseln und können sich rasch auf die Länge einiger Internodien ausdehnen.
- *Leptosphaeria* verursacht Verfärbungen der Rindenpartien in Bodennähe. Solche Ruten brechen schon unter leichtem Druck.
- Bei beiden Erregern stirbt die Rinde ab, löst sich teilweise von den Ruten bzw. reißt der Länge nach auf und färbt sich silbrig weiß.
- In der Regel treiben die Ruten im folgenden Frühjahr (=Tragjahr) nur noch schwach oder gar nicht mehr aus.
- Auf der geschädigten Rinde entwickeln sich kleine schwarze Fruchtkörper.

Krankheitsursache und -erreger

Die Erreger der Krankheit sind latent in der Himbeeranlage vorhanden, rufen aber erst dann größere Schäden hervor, wenn Wunden als Eintrittspforten gegeben sind. Sie können z. B. durch Trockenheit (bzw. daraus resultierende Rindenrisse), mechanische Verletzungen oder Schäden durch die Himbeerrutengallmücke verursacht werden.

Die an den Schadstellen produzierten Pilzsporen werden durch Wind und Regen verbreitet. Vor allem häufige Niederschläge im Juli und August sorgen für eine rasche Ausbreitung der Krankheit.

Vorbeugende Maßnahmen

- Sortenwahl beachten!
- Verletzungen bei der Ernte, bei Schnittmaßnahmen und bei der Bodenbearbeitung vermeiden, bei einem Befall durch die Himbeerrutengallmücke entsprechende Maßnahmen setzen (vorbeugend: Mulchschicht, direkt: Insektizidbehandlungen).

Symptome an jungen Ruten

- Kulturführung optimieren: Humusversorgung, zeitliche Staffelung der Düngung, ausgeglichene Wasserversorgung (Tröpfchenbewässerung), Freihalten der Bestände von Unkraut, Entfernen von Ruten mit Symptomen
- Entfernen der ersten mastigen Jungtriebe im Frühjahr, später gebildete Triebe sind robuster und haben ein höheres Ertragspotenzial.
- Überdachung der Anlagen

Direkte Maßnahmen

Direkte Behandlung mit genehmigten Fungiziden, sobald die Ruten eine Länge von ca. 20 cm erreichen. 14 Tage später wiederholen. Bei hohem Befallsdruck Fungizidbehandlungen auch nach dem Schnitt und nach der Ernte durchführen.

Symptome an einjährigen (tragenden) Ruten

Brennfleckenkrankheit

Erreger: *Elsinoë veneta* (Burkholder) Senk.

Auftreten, Bedeutung

Die Krankheit kann in niederschlagsreichen Gebieten von wirtschaftlicher Bedeutung sein. Je früher sie in der Saison auftritt, umso größer der Schaden.

Krankheitsbild

An den Jungruten:

- Wenige Millimeter große, runde, leicht erhabene violette Flecken, die bald ein graues Zentrum bilden und in das Rindengewebe einsinken. Die Flecken können ineinander wachsen und die Entwicklung der Jungruten beeinträchtigen.
- Im darauf folgenden Jahr treiben diese Ruten nur schwach an und sind als Tragruten aufgrund der fehlenden bzw. kümmernden Seitentriebe wertlos.

An den Früchten:

- ist die Krankheit anhand grau gefärbter Einzelbeerchen zu erkennen.

Krankheitsursache und -erreger

Der Erreger ist ein Pilz. Die Infektion der Jungruten erfolgt im Frühjahr durch Ascosporen und Konidien, die sich in Fruchtkörpern in befallenen alten Ruten entwickeln.

Vorbeugende Maßnahmen

- Sortenwahl beachten!
  Wenig anfällige Sorten sind u.a. 'Autumn Bliss', 'Williamette', 'Nootka' und 'Meeker'.
- Entfernen abgetragener Ruten und von Ruten mit Brennfleckensymptomen
- Auslichten dicht stehender Bestände und Freihalten von Unkraut
- Pflanzenschutzmittelbehandlung bei einem Vorjahresbefall, sobald die Jungruten eine Länge von ca. 20 cm erreichen

Symptome an den Früchten

Symptome an den Ruten

Wurzelsterben der Himbeere

Erreger: *Phytophthora fragariae* var. *rubi* Hickman und andere Phytophthoraarten

Auftreten, Bedeutung

Die Krankheit wird durch die Verwendung von befallenem Pflanzgut verbreitet. Da der Erreger zur Ausbreitung einen wassergesättigten Boden benötigt, ist das Wurzelsterben vor allem auf schweren, schlecht strukturierten, verdichteten Böden gefürchtet und kann zum Zusammenbruch ganzer Anlagen führen. Durch die Bildung von Dauerorganen (Zoosporen) können die Erreger über Jahre im Boden ausdauern, was speziell wegen des damit verbundenen Verlusts an Obstbaufläche von wirtschaftlicher Bedeutung ist.

Krankheitsbild

- schwacher Austrieb, Wachstumshemmungen, bei starkem Befall auch Absterben der Jung- und Tragruten
- Blätter verkleinert und häufig vergilbt
- Symptome nesterweise und entlang von Reihen
- charakteristisch die Braunverfärbung an der Rutenbasis
- Das Wurzelsystem ist schwach ausgeprägt, häufig schwarz gefärbt.

Krankheitserreger

Die Krankheit breitet sich durch begeißelte Zoosporen im Bestand aus. Diese können sich aktiv im Bodenwasser von Wurzel zu Wurzel bewegen.

An infizierten Wurzeln werden rasch Zoosporangien gebildet, von denen bei günstigen

Schadbild in der Kultur

Bedingungen immer wieder Sekundärinfektionen ausgehen. Trockenphasen übersteht der Pilz durch die Ausbildung langlebiger Zoosporen.

Vorbeugende Maßnahmen

- Pflanzung auf jungfräulichen, gut strukturierten, leichten Böden
- Bei schwereren Böden ist ein Anbau auf Dämmen empfehlenswert.
- Gesundes Pflanzmaterial verwenden.

Direkte Maßnahmen

- Direkte chemische Maßnahmen können nur die Ausbreitung verhindern, zugelassene Präparate bei gegebenen Infektionsbedingungen (Staunässe, z. B. im Frühjahr nach der Schneeschmelze) einsetzen.

Schadbild an der Rutenbasis

Graufäule an Brombeeren und Himbeeren

Erreger: *Botrytis cinerea* Persoon

Auftreten, Bedeutung

Ein Befall der Tragruten kann bei niederschlagsreicher Witterung während der Blüte zu hohem Grauschimmelbefall der Früchte und erheblichen Ertragseinbußen führen.

Krankheitsbild

An den Früchten:

- Zur Beerenreife bildet sich der typische mausgraue Pilzrasen.

An den Trieben:

- An den Jungruten entstehen braune

Krankheitsbild an den Ruten

Flecken, in denen sich schwarze Sklerotien (= Dauerorgane) des Pilzes bilden.
- Der Knospenaustrieb an den Tragruten ist schwach.

Krankheitsursache und -erreger

Der Grauschimmel ist ein weit verbreiter Schaderreger, der viele Kulturen befällt (siehe Erdbeere).

An Himbeeren überwintert der Pilz mit Hilfe der an den Ruten gebildeten Sklerotien. Von diesen werden im Frühjahr Konidien gebildet, die während nasser Witterung die Blüten infizieren.

Vorbeugende Maßnahmen

- Bei der Errichtung von Neuanlagen sonnige Lagen wählen. Staulagen, die langsam abtrocknen, meiden.
- Für gute Durchlüftung der Anlage sorgen: Anzahl der Ruten beschränken, Unkraut entfernen.
- Kontrolle der Anlage und Entfernen von Ruten mit typischen Botrytissymptomen

Direkte Maßnahmen

Direkte Behandlung mit genehmigten Fungiziden während der Blüte

Krankheitsbild an den Früchten

Rostpilze an Brombeeren und Himbeeren

Erreger Himbeere: *Phragmidium rubi-idaei* (Persoon) Karsten
Erreger Brombeere: *Phragmidium violaceum* (Schultz) Winter

Auftreten, Bedeutung

Die beiden Rostpilze sind weit verbreitet, treten jedoch meist erst spät im Jahr auf und verursachen kaum Schäden. Ihre wirtschaftliche Bedeutung ist im Allgemeinen als gering einzustufen.

Ein sehr starker Befallsdruck kann allerdings zu einem vorzeitigen Laubfall führen und daraus resultierend zu einer Schwächung der Ruten und einem geringeren Blüten- bzw. Fruchtansatz.

Krankheitsbild

Brombeere:

- An der Blattoberseite bilden sich ab Juni runde rötliche Blattflecken; an der Unterseite werden zunächst die orangeroten Aecidien, danach braune Uredo- bzw. schwarze Teleutosporenlager sichtbar.
- Die Krankheit kann auch die Ranken befallen.

Himbeere:

- Gelbe Pusteln (Aecidien) an der Blattober- und -unterseite, später werden blattunterseits orangerote Uredo- bzw. schwarze Teleutosporenlager sichtbar.

Krankheitsursache und -erreger

Beide Arten zählen zu den nicht wirtswechselnden Arten. Sie überwintern als Teleutosporen auf abgefallenem Laub (Himbeere) oder befallenem, überdauerndem Laub (Brombeere). Im Frühjahr keimen die Teleutosporen und infizieren ab Mai die jungen Blätter.

Vorbeugende Maßnahmen

- Für gute Durchlüftung der Anlage sorgen: Anzahl der Ruten beschränken.

Direkte Maßnahmen

- Entfernen von befallenem Laub aus der Anlage
- Chemische Maßnahmen nur bei sehr starkem Befallsdruck: Einsatz zugelassener Fungizide, sobald die ersten Symptome sichtbar werden.

Krankheitsbild an den Brombeerblättern

Krankheitsbild an den Brombeerruten

Falscher Mehltau an Brombeeren und Himbeeren

Erreger: *Peronospora rubi* Rabenh.

Auftreten, Bedeutung

Der Falsche Mehltau befällt verschiedene *Rubus*-Arten. Bestandsgefährdend ist die Krankheit an Brombeeren und den verschiedenen Kreuzungen von Him- und Brombeere: Boysenbeere, Loganbeere und Taybeere. Himbeeren sind weniger anfällig als Brombeeren und die verschiedenen Hybride.

Krankheitsbild

An den Blättern:
- blattoberseits gelbe, später dunkelrote Flecken, begrenzt durch die Blattadern
- Blattunterseits sind die Flecken aufgehellt.

An den Beeren:
- Frühe Infektionen der noch unreifen Beeren führen zum Schrumpfen und Vertrocknen der Beeren.
- Spätere Infektionen zu einer vorzeitigen Färbung, die Früchte sind ungenießbar.

Allgemein:
- kränkliches Erscheinungsbild der gesamten Pflanze

Krankheitsursache und -erreger

Der Falsche Mehltau ist systemisch in den Pflanzen als Myzel in Wurzelstöcken, Ruten und Knospen vorhanden. Die im Frühjahr austreibenden Triebe sind bereits mit dem Erreger infiziert. Bei feuchter Witterung sporuliert der Pilz an der Blattunterseite. Die Sporen werden durch Regentropfen verbreitet und können so zu Sekundärinfektionen in der Anlage führen.

Vorbeugende Maßnahmen

- Gesundes Pflanzgut verwenden.
- Für gute Durchlüftung der Anlage sorgen: Anzahl der Ruten beschränken, Unkraut entfernen.
- Kontrolle der Anlage und Entfernen von Pflanzen mit typischen Symptomen

Direkte Maßnahmen

- direkte Behandlung mit genehmigten Fungiziden im Frühjahr zum Schutz vor Sekundärinfektionen

Schadbild an den Blättern

Schadbild an den Früchten

Rankenkrankheit der Brombeere

Erreger: *Rhabdospora ramealis* (Robert & Desmaziére) Sacc.

Krankheitsbild

An den Trieben:

- An der Basis junger Ranken zunächst unscheinbare dunkelgrüne, später rötlich braune Flecken, die ineinander fließen können und die Ranken auch an den höher liegenden Teilen bedecken.
- Im darauf folgenden Frühjahr werden an diesen Stellen die Fruchtkörper des Pilzes als kleine schwarze Punkte sichtbar.
- Diese Ranken treiben im Frühjahr nur schwach an, der Blüten- und Fruchtansatz ist gering. Die Symptome sind am oberen Ende der Ranke stärker ausgeprägt.

Krankheitsursache und -erreger

Der Krankheitserreger ist ein Pilz. Er bildet zeitig im Frühjahr die Fruchtkörper an den alten Ranken, die darin produzierten Sporen werden durch Regen verbreitet und infizieren die jungen Ranken.

Vorbeugende Maßnahmen

- Bei der Errichtung von Neuanlagen auf die Verwendung gesunden Pflanzguts achten.
- Kontrolle des Bestandes auf Schadsymptome und Entfernen erkrankter Ranken an der Basis
- regelmäßiges Auslichten des Bestandes und Einkürzen der Seitentriebe

Direkte Maßnahmen

- direkte Behandlung der jungen Ranken mit genehmigten Fungiziden ab Ende April

Schadbild an den Trieben

Anthraknose der Heidelbeere

Erreger: *Colletotrichum* sp.

Auftreten, Bedeutung

Besonders bei niederschlagsreichem, warmem Wetter während der Ernte können hohe Ertragseinbußen auftreten. Oft wird der Schaden erst bei der Vermarktung an den abgepackten Früchten sichtbar. Ein starker Blattbefall kann bei anfälligen Sorten zur frühzeitigen Entlaubung führen.

Krankheitsbild

- Die Krankheit tritt an den Beeren knapp vor der Reife auf, der englische Name „ripe rot" ist bezeichnend.
- Die Beeren schrumpfen, an der Oberfläche werden die Fruchtkörper des Pilzes als lachsfarbene Sporentropfen sichtbar.
- Symptome können auch als unregelmäßige Flecken an Blättern und an noch nicht verholzten Trieben auftreten.

Krankheitserreger

Der Pilz überwintert in Fruchtmumien und auf abgestorbenem Holz. Während Niederschlagsperioden im Frühjahr erfolgen die Primärinfektionen von Blüten, Früchten und Blättern. In den Früchten ist der Pilz zunächst in einem Latenzstadium. Erst bei der Beerenreife werden Symptome sichtbar. Die sich heranbildenden Sporenlager sind eine Quelle für Sekundärinfektionen.

Vorbeugende Maßnahmen

- Der Pilz benötigt für die Entwicklung Blattnässeperioden bei relativ hohen Temperaturen (Entwicklungsoptimum: 20–27 °C). Deshalb sollte beim Schnitt darauf geachtet werden, dass die Sträucher nicht zu dicht wachsen, dies ermöglicht ein rasches Abtrocknen nach Niederschlägen.

Direkte Maßnahmen

- Beim Schnitt abgestorbene Triebe entfernen, um das Primärinokolum zu reduzieren.
- Fungizidbehandlungen während der Blüte durchführen (insbesondere bei Vorjahresbefall und Niederschlägen zur Blüte).

Schadbild an den Blättern

Schadbild an den Früchten

Monilinia-Triebsterben und „Mummy-Berry“ an Heidelbeeren

Erreger: *Monilinia vaccinii-corymbosi* (Reade) Honey

Auftreten, Bedeutung

Die Krankheit kann vor allem in niederschlagsreichen Gebieten und/oder feuchten Lagen bedeutend sein.

Krankheitsbild

- Junge Blätter und Triebe welken schlagartig, verfärben sich braun und die Triebspitzen krümmen sich nach unten.
- Auf den Trieben erscheinen graubraune Konidienlager, von denen die Infektionen der Blüte erfolgen.
- Die reifenden Beeren verfärben sich vorzeitig cremefarben bis hellbraun, schrumpfen ein und werden hart („Mummy-Berry“). Die Früchte sind samenlos und ungenießbar.

Krankheitserreger

Der Pilz überwintert in Fruchtmumien am Boden. Im Frühjahr entstehen an der Bodenoberfläche die Fruchtkörper (Apothezien) des Pilzes. Die Primärinfektionen erfolgen knapp nach dem Öffnen der Knospen. Es bilden sich Triebe mit den typischen Symptomen. Von diesen Trieben ausgehend erfolgen besonders bei feuchter Witterung Sekundärinfektionen der Blüten. Die Übertragung erfolgt durch Wind und Regen, aber auch durch Insekten.

Vorbeugende Maßnahmen

- regelmäßige Kontrolle der Anlage auf Vorhandensein der beschriebenen Symptome

Direkte Maßnahmen

- Entfernen erkrankter Triebe, im Herbst Bodenbearbeitung durchführen, um den Abbau befallener Früchte zu beschleunigen, im Frühjahr wiederholen (dadurch wird die Bildung der Fruchtkörper des Pilzes unterbunden).
- Bei Vorjahresbefall sind Fungizidbehandlungen vom Austrieb bis zum Ende der Blüte durchzuführen.

Triebsterben

Fruchtsymptome

Godronia-Rindenkrebs der Heidelbeere

Erreger: *Godronia cassandrae* Peck.
Nebenfruchtform: *Fusicoccum putrefaciens* Shear

Auftreten, Bedeutung

Die Krankheit tritt gelegentlich in Ertragsanlagen auf. Werden keine Maßnahmen gesetzt, so kann es zu großem wirtschaftlichem Schaden kommen.

Krankheitsbild

- Im Herbst bzw. Winter treten rund um die Blattnarben rot gefärbte Läsionen auf, die sich im Frühjahr vergrößern.
- Auf den rotbraun gefärbten, konzentrischen Flecken können die Fruchtkörper des Pilzes (Pyknidien) als kleine schwarze Punkte sichtbar werden.
- Befallene Triebe beginnen zu welken, abgestorbene Blätter verbleiben an den Trieben.

Krankheitserreger

Die Primärinfektion erfolgt durch einen Pilz *(Fusicoccum putrefaciens)* im Herbst an den Blattnarben. In den im Frühjahr gebildeten Pyknidien werden Konidien (Sporen) gebildet, die bei Niederschlägen zu Sekundärinfektionen führen und so die Krankheit rasch verbreiten.

Vorbeugende Maßnahmen

- Bei der Pflanzung auf gesundes Pflanzmaterial achten, besonders beim Kauf anfälliger Sorten wie 'Berkeley', 'Bluecrop', 'Coville' und 'Earlyblue'.
- regelmäßige Kontrolle der Anlage auf Vorhandensein der beschriebenen Symptome

Direkte Maßnahmen

- Die wichtigste Maßnahme ist das konsequente Ausschneiden befallener Triebe an der Triebbasis. Die Krebsstellen sind aus der Anlage zu entfernen.
- Durch Fungizidbehandlung während des Sporenfluges (während Niederschlagsperioden) kann nur die Ausbreitung verhindert werden.

Symptome am Jungtrieb und einjährigen Trieb

Botryosphaeria-Zweigkrebs der Heidelbeere

Erreger: *Botryosphaeria corticis* (Demaree & M. S. Wilcox) Arx & E. Müller

Auftreten, Bedeutung

Die Krankheit tritt sowohl an der Kultur- als auch an der Waldheidelbeere auf. Werden keine Maßnahmen gesetzt, so kommt es zu großem wirtschaftlichem Schaden.

Krankheitsbild

- Im Sommer und Herbst treten an den neu gebildeten Trieben kleine, kreisrunde rötliche Erhebungen auf.
- Im darauf folgenden Jahr vergrößern sich die Flecken und fließen ineinander. Die Rinde wird rissig. Die Triebe oberhalb der Krebsstellen sterben ab.

Krankheitserreger

Die Infektionen gehen im Frühsommer von den in den Krebsstellen befindlichen Fruchtkörpern des Pilzes aus. Während Niederschlagsperioden werden die Sporen durch Regentropfen in der Anlage verbreitet.

Vorbeugende Maßnahmen

- Bei der Pflanzung auf gesundes Pflanzmaterial achten und die Anlage regelmäßig auf Symptome kontrollieren.

Direkte Maßnahmen

- Die wichtigste Maßnahme ist das konsequente Ausschneiden befallener Triebe. Die Krebsstellen sind aus der Anlage zu entfernen.
- Durch Fungizidbehandlung während des Sporenfluges (während Niederschlagsperioden) kann nur die Ausbreitung verhindert werden.

Symptome am jungen Trieb

Pseudothezien am einjährigen Holz

Schädlinge im Obstbau

Erkennung und Maßnahmen

Manche tierische Schädlinge vermehren sich unter bestimmten Bedingungen rasant und können binnen kurzer Zeit eine Pflanze massiv schädigen.

Die wichtigste Pflanzenschutzmaßnahme ist daher, die Obstbäume ständig zu beobachten und bei Überschreiten einer gewissen Schadensschwelle sofort Gegenmaßnahmen einzuleiten.

Welcher Schädling befällt welche Obstart?

Bei den tierischen Schaderregern im Obstbau finden sich neben hoch spezialisierten Arten, die im Extremfall nur eine einzelne Obstart befallen, auch viele Schädlinge, die ein unterschiedlich breites Spektrum an potenziellen Wirtspflanzen befallen können. Dieser Umstand macht eine sinnvolle Reihung der einzelnen Schaderreger schwierig. Die folgende Tabelle soll eine leichtere und schnellere Zuordnung von Schadbildern zu den Darstellungen der einzelnen Schädlinge in diesem Buch ermöglichen.

fett = Kultur, in welcher der Schaderreger besondere Bedeutung hat

normal = Kultur, in welcher der Schaderreger auftritt, aber geringere Bedeutung hat

A .... Apfel
B .... Birne
Br .... Brombeere
E .... Erdbeere
Hi .... Himbeere
Ho .... Holunder
Jo .... Johannisbeere
K .... Kirsche
KO .... Kernobst generell
M .... Marille (Aprikose)
P .... Pfirsich
SO .... Steinobst generell
W .... Walnuss
Z .... Zwetschke und Pflaume

Welcher Schädling befällt welche Obstart?

SCHADERREGER	AUFTRETEN AUF	SEITE
Knospen- und Blütenschädlinge:		
Kleiner Frostspanner	**KO, SO**	142
Knospenwickler	**A,** B, SO, E	146
Apfelblütenstecher	**A,** B	162
Birnknospenstecher	**B**	164
Steinobstknospenstecher	**M, Z**	181
Erdbeerblütenstecher	**E,** Hi, Br	200
Schadbilder auf Früchten:		
Schalenwickler	**KO, SO,** Jo	138
Apfelfruchtstecher	**A, M,** B, Z, P	156
Kleiner Frostspanner	**KO, SO**	142
Birnengallmücke	**B**	172
Apfelwickler	**KO,** SO, **W**	158
Apfelsägewespe	**A**	170

Welcher Schädling befällt welche Obstart?

SCHADERREGER	AUFTRETEN AUF	SEITE
Kirschfruchtfliege	**K**	183
Birnensägewespe	**B**	170
Pflaumenwickler	**Z,** M, P	186
Pflaumensägewespe	**Z,** M	187
Pfirsichmotte	**P,** M	188
Brombeergallmilbe	**Br**	195
Himbeerkäfer	**Hi, Br**	196
San-José-Schildlaus	**KO, SO, Jo**	133
Obstbaumeulen	KO, SO, Jo	144
Schadbilder auf Blättern und/oder jungen Trieben:		
Apfelrostmilbe	**A,** B	161
Spinnmilben	KO, SO, E, Hi, Jo, Br	134
Miniermotten	**A,** B, Z, K	136
Schalenwickler	**KO, SO,** Jo	138
Kleiner Frostspanner	**KO, SO**	142
Apfelblattsauger	**A**	165
Blattgallmücken	**A, B**	174
Birnentriebwespe	**B,** A	179
Blattläuse	**KO, SO, Jo, E**	166, 182, 190
Blutlaus	**A,** B	169
Apfelbaumgespinstmotte	**A**	175
Birnblattsauger	**B**	177
Birnblattpockenmilbe	**B**	180
Kirschblattwespe	**K,** B	184
Johannisbeerknospengallmilbe	**Jo**	191
Johannisbeerblattgallmücke	**Jo**	192
Dickmaulrüssler	**KO, SO, E, Jo, Hi, Br**	201
Erdbeermilbe	**E**	199
Walnusspockenmilbe	**W**	160
Obstbaumeulen	**KO, SO, Jo**	140
Knospenwickler	**A,** B, SO, E	146
Goldafter	**KO, SO**	144
Holunderblattlaus	**Ho**	204
Holunder-Gallmilbe	**Ho**	203

Welcher Schädling befällt welche Obstart?

SCHADERREGER	AUFTRETEN AUF	SEITE
Schadbilder auf Stämmen, Ästen und/oder Trieben, am Holz:		
San-José-Schildlaus	**KO, SO, Jo**	133
Borkenkäfer	**KO, SO**	147
Weidenbohrer	**KO, SO**	149
Blausieb	**KO, SO**	151
Apfelbaumglasflügler	**KO, SO**	153
Wühlmaus	**KO, SO, Ho**	155
Blutlaus	**A,** B	169
Johannisbeerglasflügler	**Jo**	194
Himbeergallmücke	**Hi, Br**	197
Himbeerrutengallmücke	**Hi**	198
Schaden an Wurzeln, Rhizomen:		
Dickmaulrüssler	**E,** Jo, Hi, Br	201
Wühlmaus	KO, SO, Ho	155

San-José-Schildlaus

Quadraspidiotus perniciosus Comst. und andere Schildläuse:
Gelbe Austernförmige Schildlaus (*Quadraspidiotus ostreaeformis* Curt.)
Rote Austernförmige Schildlaus (*Epidiaspis leperei* Sign.)
Komma-Schildlaus (*Lepidosaphes ulmi* L.)
Zwetschken-Napfschildlaus (*Parthenolecanium corni* Bouche)

Auftreten

Auf den meisten Obstgehölzen

Erkennung

San-José-Schildlaus:
Zu Beginn der Verlausung findet man auf der Rinde der befallenen Gehölze 1 bis 2 mm große, kreisrunde oder längliche, gelbbraune bis schwarzgraue Schilddeckel, die in Folge der raschen Vermehrungsfähigkeit des Schädlings binnen kurzer Zeit in dicht zusammenhängenden Krusten die Rinde überziehen und sich in Schuppen abkratzen lassen.

Die Rinde sieht wie mit Asche bestäubt aus und wird vielfach rissig. Nach vorsichtigem Abheben des Schilddeckels sieht man ein zitronengelbes, sackförmiges Gebilde, die eigentliche Schildlaus. Von Juni bis Oktober findet man auch kleine gelbe Junglarven, die frei beweglich sind, und so genannte Weißpünktchen an den Befallsstellen.

Zu dieser Zeit werden auch Blätter und Früchte befallen, bei Letzteren vorwiegend die Kelch- und Stielgrube. An hellrindigen Obstsorten, Früchten und Blättern ist der Befall sehr auffällig, da um die festgesaugte Schildlaus ein roter Hof entsteht.

Bedeutung

San-José-Schildlaus:
sehr gefährlicher Obstbaumschädling, der ohne Bekämpfung innerhalb weniger Jahre die Gehölze zum Absterben bringt

Andere Schildläuse:
Die anderen genannten Arten haben nur

San-José-Schildlaus: Rinden-, Blatt- und Fruchtbefall

geringe wirtschaftliche Bedeutung. Sie sind vor allem im Streuobstbau und im Hausgartenbereich anzutreffen.

Schädling

San-José-Schildlaus:
Die Überwinterung erfolgt als festgesaugte Junglaus am Baum. Bis Mai entwickeln sich die Larven zu geschlechtsreifen, unbeweglichen Weibchen bzw. zu frei beweglichen, geflügelten Männchen. Nach der Paarung setzt das Weibchen bis zu 200 lebende, gelb gefärbte Junglarven ab, die bei günstigen Entwicklungsbedingungen nach 33 bis 40 Tagen ebenfalls fortpflanzungsreif sind. In Österreich kommt es in der Regel zu zwei, in heißen, trockenen Jahren auch zu drei Bruten jährlich. Der erste Larvenlauf erfolgt etwa Mitte Juni, der zweite Ende August; ab Mitte Oktober kann ein dritter Larvenlauf folgen.

Die Verbreitung dieses Schädlings erfolgt durch die frei beweglichen Jungläuse – Wind, Vögel und Insekten verbreiten die Läuse. Weit größere Bedeutung kommt der Verschleppung durch Baumschulware zu.

Andere Schildläuse:
Die anderen genannten Arten bringen nur eine Generation pro Jahr hervor.

Vorbeugende Maßnahmen

- biologische Bekämpfung: Schutz der natürlichen Feinde, vor allem der Zehrwespe *Prospaltella perniciosi* Tow

Direkte Maßnahmen

- Entfernen und Vernichten stark befallener, bereits abgehender Gehölze
- chemische Behandlungsmaßnahmen: Winterbehandlung: während der Vegetationsruhe (Knospenstadium I)
- Austriebsbehandlung mit Ölpräparaten: vom Knospenaufbruch bis Mausohrstadium (II–IV)
- Sommerbehandlung mit für diesen Zweck genehmigten Insektiziden zur Zeit des Larvenlaufs

Spinnmilben

Obstbaumspinnmilbe („Rote Spinne“, *Panonychus ulmi* Koch)
Gemeine (Bohnen-)Spinnmilbe (*Tetranychus urticae* Koch)

Auftreten

Obstbaumspinnmilbe auf Kern- und Steinobst (insbesondere Apfel und Zwetschke) und Strauchbeerenobst (vor allem Johannisbeere); Bohnenspinnmilbe auf allen Obstpflanzen

Erkennung

An den Blättern zeigen sich ab Frühjahr, als Folge der Saugtätigkeit der Milben, Aufhellungen, die zunächst in der Nähe der Blattrippen entstehen und sich später über das ganze Blatt ausbreiten. Das Laub erhält ein fahlgelbes, staubiges Aussehen, blattunterseits befindet sich ein Gewirr zarter Spinnfäden. Die befallenen Blätter verdorren und fallen vorzeitig ab.

Bedeutung

Durch Schwächung der Gehölze nicht ausgereifte Früchte, Verminderung des nächstjährigen Blütenansatzes, vorzeitiger Blattfall

Schädling

Die Obstbaumspinnmilbe ist die häufigste, verbreitetste und schädlichste Milbenart an Obstgehölzen. Die vorwiegend an den Blattunterseiten lebenden Tiere sind 0,5 bis 0,6 mm groß, karminrot und von plumper Gestalt. Die Überwinterung erfolgt als zwiebelförmiges rotes Ei, dessen Oberfläche eine radiale Streifung aufweist, die sich oben zu einem kleinen haarigen Fortsatz vereinigt. Man findet die Eier zur Zeit der Vegetationsruhe oft in großer Zahl in Knospennähe, am Fruchtholz, in Astgabeln und an den Zweigunterseiten. Ab Mitte April, je nach Witterungsverhältnissen, schlüpfen aus ihnen die Larven. Bei günstigem Wetter kommt es zur raschen Fortentwicklung und starken Vermehrung der Schadmilben bereits in wenigen Wochen. Die Larven entwickeln sich alsbald zu Männchen und Weibchen, die kurz danach bereits Eier ablegen. Die Sommereier sind wie die Wintereier geformt und werden im Hochsommer auch häufig an Früchten abgelegt. Innerhalb einer Vegetationsperiode werden vier bis fünf Bruten entwickelt.

Im Hochsommer wandert die bisher vornehmlich an Unterkulturen lebende Gemeine Spinnmilbe (Bohnenspinnmilbe) in die

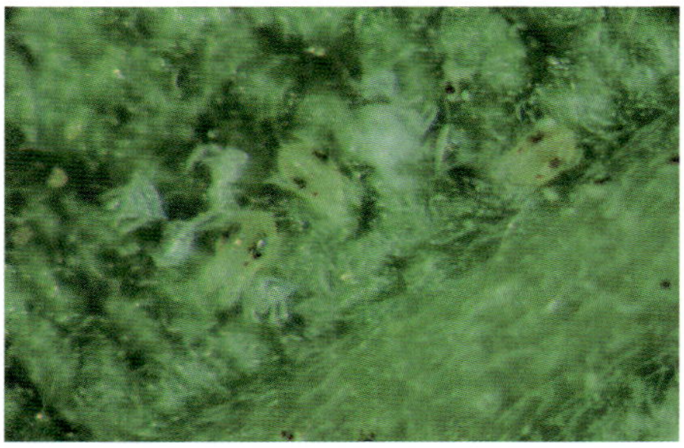

Gemeine Spinnmilbe (Tetranychus urticae)

Obstkulturen auf, sodass von dieser Zeit an beide Milbenarten auf den Blättern gefunden werden können. Die älteren Entwicklungsstadien dieser Milbenart weisen an beiden grünlich grauen Körperhälften je einen dunklen Fleck auf. Im Gegensatz zur Obstbaumspinnmilbe überwintert die Gemeine Spinnmilbe als erwachsenes Weibchen in Rindenverstecken oder im Falllaub.

Die Stärke des Spinnmilbenauftretens während der Vegetationszeit wird maßgeblich vom Witterungsverlauf bestimmt: Trockenwarmes Wetter beschleunigt die Entwicklung, nasskaltes verlangsamt die Lebensvorgänge.

Vorbeugende Maßnahmen

- Übermäßige Stickstoffdüngung vermeiden, Schonung und Förderung von Spinn-

milbenfeinden (insbesondere von Raubmilben), Ansiedeln von Raubmilben.

Direkte Maßnahmen

- Anwendung von Winter- oder Austriebsspritzmitteln gegen die überwinternden Eier der Obstbaumspinnmilbe während der Vegetationsruhe bzw. während des Austriebs. Eine gründliche Benetzung aller Kronenteile ist wichtig.
- Während der Vegetationszeit können Spinnmilben bei Überschreiten der Schadschwelle mit spezifischen Akariziden behandelt werden (Apfel: im Frühsommer mehr als 5 Spinnmilben pro Blatt, gegen Ende des Sommers kann auch ein höherer Spinnmilbenbesatz toleriert werden). Wird ein Wirkstoff zu häufig in Folge gegen Spinnmilben eingesetzt, so können rasch Resistenzen gegen diese(s) Präparat(e) in Spinnmilbenpopulationen entstehen.

Wintereigelege der Obstbaumspinnmilbe

- Wird eine Obstart als geschützte Kultur (z. B. Folientunnel) angebaut, so können Raubmilben aus Massenzuchten direkt zur Bekämpfung der Bohnenspinnmilbe eingesetzt werden.

Miniermotten

Pfennigminiermotte (*Leucoptera scitella* Zell.)
Blatt-Taschenmotte (*Lithocolletis blancardella* F.)
Obstbaumminiermotte (*Lyonetia clerkella* L.)
Apfelblattminiermotte (*Nepticula malella* Stnt.)

Auftreten

Ab Mitte Mai an Obstbäumen, vorzugsweise Apfel, Kirsche, seltener auch an Birne, Zwetschke und anderen Laubgehölzen

Erkennung

Befallene Blätter sind auffällig gezeichnet; sie weisen zwischen Ober- und Unterseite Fraßgänge (Minen) auf, die für jede Miniermottenart eine charakteristische Form haben.

Pfennigminiermotte: kreisförmige Minen
Blatt-Taschenmotte: blattoberseits weiß getüpfelte Minen
Obstbaumminiermotte: schmale, schlangenförmige Fraßgänge
Apfelblattminiermotte: fein beginnende, bald platzförmig erweiterte, Kot gefüllte Minen

Bedeutung

Bei Massenauftreten können Miniermotten durch Zerstörung photosynthetisch aktiver Blattfläche die Vitalität der Pflanzen beeinträchtigen. Hemmungen in Triebwachstum, im Fruchtansatz und vorzeitiger Blattfall sind möglich. In diesem Sinne bedeutend ist vor allem die Pfennigminiermotte (wenn im Durchschnitt mehr als 1 Mine pro Blatt zu finden ist), da von dieser Art relativ große Blattareale von einer einzelnen Mine zerstört werden.

Parasitische Hautflügler verhindern im Regelfall ein Schadauftreten von Miniermotten.

Schädling

Die Falter sind unauffällige Kleinschmetterlinge mit Flügelspannweiten um 7 mm. Die gefransten Flügel sind meist weißlich silbrig und weisen an der äußeren Vorderflügelhälfte arttypische Zeichnungsmuster auf. Die Falter erscheinen Ende April bis Mai und legen ihre Eier normalerweise zur Zeit der Apfelblüte einzeln an die Blattunterseite junger Blätter ab. Alsbald schlüpfen die Räupchen und fertigen ihre arttypischen Minen an.

Die ausgewachsenen, bis zu 8 mm großen Raupen der 1. Generation verlassen nach drei bis vier Wochen Entwicklungszeit entweder die Mine oder spinnen sich einen Verpuppungskokon und verpuppen sich innerhalb der Mine. Im Laufe des Sommers können zwei bis drei Bruten erfolgen. Die Überwinterung der letzten Raupengeneration erfolgt in einem Kokon, entweder in Rindenverstecken am Baum oder im Boden selbst.

Vorbeugende Maßnahmen

- Bei der Pflanzenschutzarbeit nur Präparate einsetzen, die parasitische Hautflügler schonen.

Ei an Blattunterseite

Blatt-Taschenmotte

Schadbild Pfennigminiermotte

Schadbild Apfelblattminiermotte

Direkte Maßnahmen

- Bei geringem Befall kann durch sofortiges Auspflücken und Vernichten der minierten Blätter eine Ausweitung des Schadens mit den nächsten Miniermottengenerationen verhindert werden.
- Gezielte Behandlung mit synthetischen Insektiziden. Für die genaue Terminisierung können Flugbeobachtungen mittels Pheromonfallen herangezogen werden. Die Eiablage der ersten Generation fällt üblicherweise mit dem Abfall der Blütenblätter (bei Apfel) zusammen.

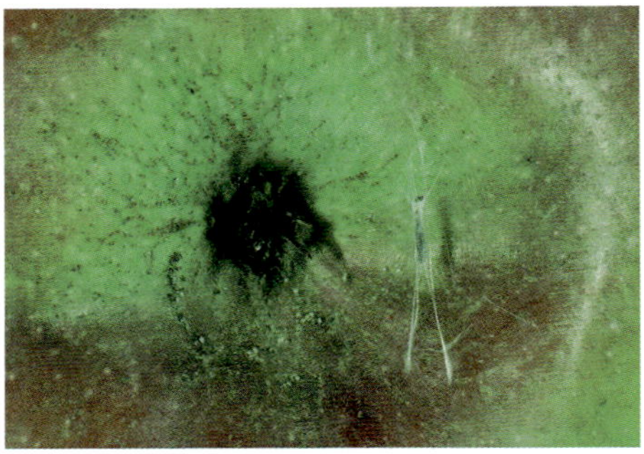

Obstbaumminiermotte: Puppenwiege (Kokon)

Schalenwickler

Fruchtschalenwickler (*Adoxophyes orana* HB.)
Brauner Obstbaumwickler (*Archips podana* Scop.)
Rotbrauner Schalenwickler (*Pandemis heparana* Schiff.)
Heckenwickler (*Archips rosana* L.) und andere Arten

Auftreten

Vor allem an Kernobst, aber auch an Stein- und Beerenobst und anderen Laubgehölzen

Erkennung

Im Frühjahr und Frühsommer werden von den Raupen Blätter zusammengesponnen oder gerollt und befressen (Skelettier- und Fensterfraß), im Hochsommer und Herbst werden Blätter an Früchte gesponnen und Letztere flächig oder punktförmig befressen.

Bedeutung

Massenauftreten von Schalenwicklern können vor allem auf Kernobst massive Ausfälle verursachen. Der Fraß der Frühjahrsgeneration an Früchten vernarbt meist, schlechtere

Flächenfraß durch Sommergeneration

Sortierergebnisse bewirken jedoch Ertragsausfälle (wegen der Verkorkung werden die Früchte in Klasse 2 oder als Pressobst eingestuft). Das Auspflücken dieser Früchte beim händischen Ausdünnen kann dem entgegenwirken. Der Fraß der Raupen im Sommer und Herbst kann erhebliche Ernteverluste verursachen. Die Verletzungen an den Früchten stellen zudem Eintrittsquellen für pilzliche Fäulniserreger dar.

Schädling

Fruchtschalenwickler: Falter 20 bis 22 mm Spannweite, Vorderflügel ockergelb bis gelbbraun mit unregelmäßigen braunen Schrägstreifen, 2 Generationen: 1. Flug ca. Ende Mai bis Anfang Juli, 2. Flug Mitte Juli bis Mitte September. Stark abgeflachte gelbliche Eier werden in „Eispiegeln" zu 80 bis 100 Stück an Blätter und Früchte abgelegt. Die grün bis dunkelgrüngrau gefärbten, gelbköpfigen Raupen werden ca. 15 bis 20 mm lang und fressen während der 1. Generation (Frühjahrsgeneration) in zusammengesponnenen Blättern, während die 2. Raupengeneration (Sommergeneration) auch Früchte beschädigt, indem sie an der Fruchtschale unter den an die Frucht angesponnenen Blättern flächig frisst. Die Herbsträupchen spinnen vor ihrer Überwinterung ebenfalls Blätter an Früchte und verursachen den typischen Punktfraß. Die unter einem Gespinst in Rindenverstecken überwinternden Jungräupchen beginnen mit ihrer Fraßtätigkeit sofort nach dem Austrieb.

Brauner Obstbaumwickler: Biologie ähnlich Fruchtschalenwickler. Falter mit brauner Grundfarbe sowie hellerer und dunklerer Zeichnung. Die grasgrünen, dunkelbraun bis schwarzköpfigen Raupen schädigen wie die des Fruchtschalenwicklers. Die Weibchen legen ihre Eier in Häufchen bevorzugt an die Blattoberseite.

Fruchtschalenwickler

Raupe des Fruchtschalenwicklers

Heckenwickler

Brauner Obstbaumwickler

Rotbrauner Schalenwickler: Seine Biologie ist ebenfalls ähnlich der des Fruchtschalenwicklers. Die bräunlich gelben, mit dunkler Schrägbinde versehenen Falter der 1. Generation fliegen von Juni bis Anfang Juli, die der 2. Generation Mitte August bis Anfang September. Sie legen ihre Eier in Häufchen an Zweigen ab. Die Raupen sind hellgrün gefärbt, haben einen bräunlich grünen Kopf und schädigen wie jene des Fruchtschalenwicklers.

Heckenwickler: Die Falter sind etwas kleiner (10–12 mm Spannweite) mit ockerbrauner bis ledergelber Grundfarbe. Eine Generation pro Jahr mit Flug von Juni bis August. Die Überwinterung erfolgt in Form von sekretbedeckten Eispiegeln an Ästen und am Stamm. Die dunkelgrünen, dunkelbraunköpfigen Raupen fressen ab Mai zuerst gesellig in Blatt- und Blütengespinsten, später in Blattrollen, seltener auch an jungen Früchten.

Vorbeugende Maßnahmen

- Die Raupen von Schalenwicklern können aufgrund ihrer nur wenig geschützten Lebensweise von einer Vielzahl nützlicher Gliedertiere als Nahrungsbasis genutzt werden. Insbesondere parasitische Hautflügler, räuberische Wanzen, Ohrwürmer und Spinnen sind als Gegenspieler von Schalenwicklern von Bedeutung. Die Schonung dieser Nützlinge bei Pflanzenschutzmaßnahmen im Erwerbsobstbau hilft, Massenauftreten von Schalenwicklern entgegenzuwirken.

Direkte Maßnahmen

- Im Hausgarten reicht ein rechtzeitiges Aufsammeln und Vernichten der Raupen meist aus.
- Um den richtigen Zeitpunkt für Pflanzenschutzmaßnahmen im Erwerbsobstbau zu finden, können für die wichtigsten Schalenwicklerarten Pheromonfallen genutzt werden.
- *Bacillus thuringiensis*-Präparate können bei Auftreten von Jungraupen eingesetzt werden.
- Für die Behandlung gegen Schalenwickler zugelassene, konventionell wirkende, synthetische Insektizide sind besonders gegen junge Raupen gut wirksam; Insektenwachstumsregulatoren müssen gemäß ihrer Wirkungsweise genau zum richtigen Zeitpunkt eingesetzt werden.

Obstbaumeulen

Frühlingseule (*Orthiosa incerta* Hufnagel) und andere Arten

Auftreten

Auf Kern-, Stein- und Strauchbeerenobst anzutreffen, wirtschaftliche Bedeutung im Kernobstbau am größten

Erkennung

Ausgewachsen bis zu 4 cm große Raupen mit nach unten gerichteter Kopfkapsel. Die Raupen sind gelblich grün bis dunkelgrün gefärbt mit helleren Längsstreifen. Sie fressen an Blättern und an Früchten.

Das Schadbild erinnert an jenes des Kleinen Frostspanners, nur sind die Fraßstellen an Früchten größer.

Bedeutung

Eulenraupen treten im Intensivobstbau nicht regelmäßig als Schädling in Erscheinung. Liegt aber ein Befall vor, können die großflächigen, tiefen Fraßstellen an Früchten erhebliche Fruchtdeformationen und Ausfälle verursachen.

Schädling

Die plumpen, bräunlichen Falter der Frühlingseule (Flügelspannweite bis zu 40 mm) fliegen von März bis in den Mai und legen ihre Eier in Gruppen auf der Baumrinde in Ritzen ab. Die nach etwa zwei Wochen schlüpfenden Raupen sind im Juni ausgewachsen und ziehen sich zur Verpuppung und Überwinterung in die obere Bodenschicht zurück.

Die Frühlingseule *(Orthiosa incerta)* ist die im Obstbau am häufigsten erscheinende Obstbaumeule. Daneben können auch andere nahe verwandte Eulenarten fallweise im Obstbau als Schädlinge angetroffen werden.

Vorbeugende Maßnahmen

- Singvögel nehmen Raupen, wie die von Obstbaumeulen, gerne als Nahrung. Durch Aufhängen von Nisthilfen kann man die Populationen dieser Vögel in Obstanlagen fördern und so einem Massenauftreten von Obstbaumeulen entgegenwirken.

Direkte Maßnahmen

- Gezielte Insektizidbehandlungen sind vor oder nach der Blüte bei Bedarf durchzuführen. Schadschwellenwerte: 2 bis 3 Raupen auf 100 abgeklopfte Äste vor der Blüte bzw. 3 bis 5 Raupen bei der Klopfprobe nach der Blüte

Junge Raupe der Frühlingseule auf Johannisbeere

Ausgewachsene Raupe am Apfel

Verkorkte Fraßstelle der Frühlingseule

Kleiner Frostspanner

Operophtera brumata L.

Auftreten

Im Frühjahr empfindliche Schäden an Kern- und Steinobst (mit Ausnahme des Pfirsichs) und auch an anderen Laubhölzern. Obstanlagen – vor allem Süßkirschenpflanzungen – in Waldnähe und früh blühende Sorten sind besonders gefährdet.

Erkennung

Die Blüten- und Blattknospen entfalten sich nicht; sie sind teilweise versponnen und in ihrem Inneren ausgehöhlt. In den Blüten sind Stempel und Staubgefäße abgefressen und die Blüte ist dadurch vernichtet.

Die Blätter weisen zunächst Löcherfraß auf; bei stärkerem Befall werden sie bis auf die Blattrippen abgeweidet und es tritt Kahlfraß ein. Auch die jungen Früchte werden vielfach geschädigt, und zwar bei Kernobst das Fruchtfleisch, bei Steinobst, besonders Kirsche, auch der Kern (Löffelfraß). Was hier vom Kleinen Frostspanner gesagt wurde, gilt auch für den wesentlich selteneren Großen Frostspanner.

Bedeutung

Starkes Frostspannerauftreten kann erhebliche Ernteeinbußen verursachen, da durch den Fraß große Mengen an Blüten und jungen Früchten ausfallen. Im Hausgartenbereich und im Extensivobstbau tritt der Schädling in bestimmten Gebieten regelmäßig auf (so genannte Frostspannerlagen). Im Intensivanbau (besonders bei biologischer Bewirtschaftung) kann in manchen Jahren verstärkter Frostspannerbefall beobachtet werden.

Schädling

Die erwachsenen Insekten treten im Herbst (etwa Ende Oktober) mit den ersten Frostnächten auf. Das Männchen ist ein unscheinbarer braungrauer Schmetterling mit etwa 25 mm Flügelspannweite. Das Weibchen (6–7 mm lang, grau gefärbt) hingegen ist flugunfähig. Die Weibchen klettern zur Ablage der Eier die Stämme der Bäume hoch; im äußeren Kronenbereich legt ein Weibchen bis zu 300 Eier, zunächst hellgrün, später im Winter rötlich verfärbt.

Bereits mit Beginn des Austriebs schlüpfen die Raupen und fressen junge Blätter, Blüten und Früchte. Die Jungraupen sind zunächst dunkelgrau, später bekommen die Raupen eine hellgrüne Färbung mit gelblichen Längsstreifen. Charakteristisch ist das „Buckelmachen" bei der Fortbewegung (= spannerartige Fortbewegung) und bei Störungen. Sind die Raupen ausgewachsen (etwa 2,5 cm lang), verlassen sie den Baum und ziehen sich in die oberste Bodenschicht zurück (Mai).

Verwechslungsmöglichkeiten: Schalenwickler (1. Generation) und Knospenwickler

Vorbeugende Maßnahmen

- Die hinaufkriechenden Weibchen können ab Ende Oktober mit Raupenleimringen, die man um die Stämme der Bäume anlegt, abgefangen werden. Bis in den folgenden Jänner müssen die Leimringe ihre Klebkraft behalten, da die Aktivität der Weibchen so lange andauern kann.

Direkte Maßnahmen

- Gegen „am Baum überwinternde tierische Schaderreger" wirkende Winter- oder Austriebsspritzmittel können die Eier erfolgreich vernichten. Auf eine gründliche Benetzung aller Baumteile achten!
- Behandlungen gegen die Jungraupen vor bis spätestens kurz nach der Blüte. Wirtschaftliche Schadschwelle bei visuellen Kontrollen: 5–10 Raupen auf 100 Blattbüscheln

Neben synthetischen Insektiziden können (gegen die Jungraupen) auch *Bacillus thuringiensis*-Präparate eingesetzt werden. Haben die Raupen eine Größe von 2 cm erreicht, ist eine chemische Behandlung nicht mehr angebracht (baldiges Abwandern der Raupen).

Goldafter

Euproctis chrysorrhoea L.

Auftreten

Im Frühjahr empfindliche Fraßschäden an Obstbäumen, besonders an Birne, Kirsche und Zwetschke, seltener an Apfel; in Wäldern vor allem an Eiche und Buche und anderen Laubgehölzen

Erkennung

An den winterkahlen Bäumen bemerkt man ein aus mehreren dürren Blättern zusammengesponnenes, hühnerei- bis faustgroßes Raupennest. Im Frühjahr sind die Knospen, Blüten und Blätter mehr oder weniger stark befressen. Bei Massenauftreten kommt es häufig zu Kahlfraß.

Bedeutung

Der Goldafter tritt oft gebietsweise epidemisch auf, geht plötzlich zur Massenvermehrung über und verursacht dann erhebliche und auffällige Fraßschäden an Obst- und anderen Laubbäumen.

Schädling

Die innerhalb der Nester überwinternden Jungräupchen kommen im Frühjahr zum Vorschein und befressen zunächst die Knospen, später Blätter und Blüten. Sie fressen sehr rasch und reichlich.

Die erwachsenen Raupen sind 3 cm lang, dunkelgrau und haben an jeder Seite einen weißen, über den Rücken zwei rote Längsstreifen; der Körper ist reichlich mit langen, rötlich braunen, in Büscheln stehenden Haaren besetzt, die stark nesseln. Im Juni erfolgt die Verpuppung zwischen zusammengesponnenen Blattresten oder auch am Boden; die Puppe liegt in einem durchsichtigen, ziemlich festen Kokon. Nach kurzer Puppenruhe schlüpft Ende Juni der Schmetterling. Er besitzt eine Flügelspannweite von 3 cm, die Flügel sind reinweiß gefärbt, der Hinterleib ist bei Männchen und Weibchen mit braunen Haaren bedeckt, das Hinterleibsende des Weibchens trägt außerdem einen goldbraunen Haarschopf, dem das Tier seinen Namen verdankt.

Die Flugzeit dauert bis August, in dieser Zeit werden auch die braungrauen Eier (etwa 300) in Gelegen vorwiegend an der Blattunterseite abgelegt und vom Weibchen mit goldbraunen Afterhaaren bedeckt. Nach kurzer Zeit schlüpfen die Jungräupchen, sie skelettieren die Blätter der Triebspitzen und stellen alsbald aus mehreren miteinander versponnenen Blättern das Winternest („Großes Raupennest") her, in dem sie gemeinsam den Winter überdauern; jährlich eine Generation.

Direkte Maßnahmen

- Abschneiden und Verbrennen der Winternester, die an den laublosen Bäumen leicht zu sehen sind
- Abtöten der eben das Raupennest verlassenden Jungräupchen mit einem Austriebsspritzmittel oder einem Insektizid. Ältere Raupenstadien erweisen sich als widerstandsfähig.
- Bekämpfungen der Jungraupen mit mikrobiologischen Präparaten; Verwendung von *Bacillus thuringiensis*

Weibchen
(Flügelspannweite
30 mm)
Männchen
Winternest
Raupe
(nat. Größe:
30 mm
Puppe im Kokon
Weibchen
bei der
Eiablage
Puppe
Schaden an
der Birne

Knospenwickler

Roter Knospenwickler (*Spilonota ocellana* F.)
Grauer Knospenwickler (*Hedya nubiferana* Hb.)

Auftreten

Besonders an Apfel, seltener an Birne, Steinobst, Erdbeere und Haselnuss

Erkennung

Im Frühjahr werden junge Blätter und Blütenbüschel versponnen, Blütenknospen und Blätter teilweise befressen. Innerhalb der Büschel findet man entweder die schmutzig braune, schwarzköpfige, 9 bis 12 mm lange Raupe des Roten oder die bis zu 20 mm lange, graugrüne, ebenfalls schwarzköpfige Raupe des Grauen Knospenwicklers.

Bedeutung

Der Schaden kann vor allem an Blütenknospen bedeutend sein.

Schädling

Beide Knospenwicklerarten sind Kleinschmetterlinge, die als Räupchen in einem Gespinst überwintern. Zu Beginn der warmen Jahreszeit fressen sie sich in die jungen Knospen ein, benagen außer den Blättern auch die Blütenknospen, wobei die Blätter kuppelförmig miteinander versponnen werden.

Der Ausfall an Blütenknospen kann bei stärkerem Befall bedeutend sein. Die Raupen des Grauen Knospenwicklers sind schon Ende Mai verpuppungsreif, die des Roten fressen weiter und schädigen im Juni noch die jungen Früchte. Ihre Verpuppung erfolgt erst Anfang Juli.

Nach kurzer Puppenruhe schlüpfen die Schmetterlinge und legen während der Sommermonate ihre Eier einzeln an Knospen, Blättern, Trieben und Zweigen ab. Aus den Eiern schlüpfen im Verlauf des Sommers Räupchen, welche die Blätter skelettieren und halberwachsen unter alten Knospenschuppen überwintern.

Direkte Maßnahmen

- In Klein- und Siedlungsgärten hat sich bei kleineren Baumformen das Herausholen der Räupchen aus den zusammengesponnenen Blattbüscheln mit Hilfe eines zugespitzten Hölzchens bewährt.
- Die Anwendung gegen „am Baum überwinternde tierische Schaderreger" wirkender Winter- oder Austriebsspritzmittel kann die überwinternde Population reduzieren.
- Vorblütebehandlung mit einem gegen „fressende Schädlinge (bzw. schädliche Raupen) im Obstbau" genehmigten Insektizid. Auch der Einsatz von mikrobiologischen *Bacillus thuringiensis*-Präparaten ist möglich. Schadensschwelle: ca. 5–8 Raupen pro 100 untersuchter Pflanzenorgane

Borkenkäfer

Großer Obstbaumsplintkäfer (*Scolytus mali* Bechst.)
Kleiner (Runzeliger) Obstbaumsplintkäfer (*Scolytus rugulosus* Rtzb.)
Ungleicher Holzbohrer (*Anisandrus dispar* F.)
Kleiner Holzbohrer (*Xyleborus saxeseni* Ratz.)

Auftreten

An allen Obst- und anderen Laubgehölzen; besonders gefährdet sind Gehölze, die im Wachstum geschwächt sind.

Erkennung

An kränkelnden Bäumen weist die Rinde schrotschussähnliche, kreisrunde Bohrlöcher auf, aus denen bei Steinobst Gummi dringt.

Unter der sich leicht ablösenden Rinde oder im Holz sind Fraßgänge sichtbar.

Bedeutung

Gefährliche Rinden- und Holzschädlinge, die ein rasches Absterben von Baumteilen oder ganzen Bäumen bewirken können

Schädling

Rindenbrüter: Sie legen ihre Fraß- und Brutgänge zwischen Rinde und Holz an. Das Fraßbild ist an der Innenseite der Rinde, teilweise auch seicht im Holz sichtbar. **Der Große Obstbaumsplintkäfer** ist 3 bis 4,5 mm lang, walzenförmig und glänzend dunkelbraun gefärbt. Er hat in unseren Gebieten zwei Bruten und schwärmt im Mai/Juni und August/September. Das Weibchen bohrt sich in die Rinde ein und stellt im Splint, gleichlaufend zur Längsachse des Baumes, einen 5 bis 12 cm langen Gang (Muttergang) her, wo es die Eier in kleinen Grübchen beiderseits des Ganges ablegt. Die weißlichen, braunköpfigen Larven fressen fast rechtwinkelig zum Muttergang verlaufende Gänge, die entsprechend dem Wachstum der Larven breiter werden und schließlich in einer Puppenwiege enden, wo sich die erwachsenen Larven verpuppen. Die Jungkäfer verlassen den Baum durch ein selbst gebohrtes Flugloch („Schrotschussloch"). Die Larven der 2. Generation überwintern in den Gängen.

Im Frühjahr schlüpfen die Käfer und vollführen an den jungen Trieben unterhalb der Knospen ihren Reifungsfraß. Diese Bohrlöcher weisen auf das Vorhandensein von Käfern hin und können als Eintrittspforten für Holz zerstörende Pilze gefährlich sein.

Der Kleine Obstbaumsplintkäfer ist 2 bis 2,5 mm lang, matt dunkelbraun gefärbt und dem Großen Obstbaumsplintkäfer in seiner Lebensweise ähnlich. Der Käfer erscheint etwas früher, auch ist der vom Weibchen angelegte Muttergang nur 1 bis 3 cm lang und die Larvengänge verlaufen unregelmäßiger als beim Großen Obstbaumsplintkäfer.

Holzbrüter: Die etwa stricknadeldicken Fraßgänge dringen tief in das Holz ein.

Der Ungleiche Holzbohrer ist pechbraun bis pechschwarz gefärbt. Sein Name bezieht sich auf den Unterschied zwischen dem 2 mm langen, halbkugelig geformten, ungeflügelten Männchen und dem 3 bis 5 mm langen, mehr zylindrisch gebauten, geflügelten Weibchen. Das Weibchen bohrt im April/Mai meist in der Nähe einer Astgabelung eine Eingangsröhre durch die Rinde bis in das Holz. Von dieser werden sowohl waagrecht, in der Richtung der Jahresringe, als auch in der Längsrichtung des Holzes nach oben und unten Seitengänge angelegt, die zunächst weiß und später brandschwarz gefärbt sind. Die Eiablage hält von April bis Juni an, die Entwicklung dauert ungefähr zwei Monate. Der Käfer schlüpft im Juli/August und überwintert in den Bohrgängen.

Der Kleine Holzbohrer tritt seltener auf, das Weibchen ist 2 bis 2,3 mm lang, das

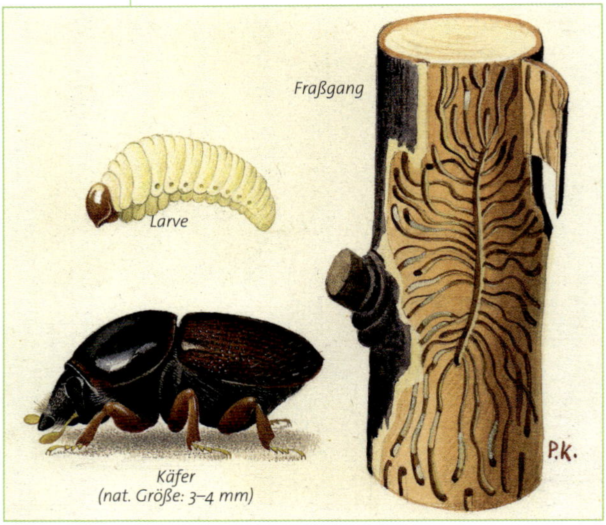

Großer Obstbaumsplintkäfer

Ungleicher Holzbohrer

Männchen etwas kleiner. Die Käfer stellen eine kaum 1 mm breite Einbohröffnung ins Holzinnere her, die zu einem gemeinsamen, ca. 4 cm langen Brutraum führt, der von den Larven bewohnt ist. Der Käfer schwärmt von Mai bis August und hat jährlich zwei Bruten.

Vorbeugende Maßnahmen

- Eine chemische Bekämpfung ist nur vorbeugend gegen Neubefall möglich. Dabei sind die verholzten Baumteile ab Mitte April mit für diesen Zweck genehmigten Insektiziden mehrmals in 7- bis 10-tägigen Abständen zu behandeln.

Direkte Maßnahmen

- Befallene Bäume oder Astpartien gleich entfernen. Dieses Schnittmaterial darf keinesfalls im Garten verbleiben, da sich die Käfer auch im austrocknenden Holz weiterentwickeln und so die Gefahr für eine weitere Ausbreitung der Schädlinge nicht gebannt ist.
- Durch das Aufhängen von Rotfallen in Kombination mit einer Alkoholköderlösung können insbesondere im Falle des Ungleichen Holzbohrers zuwandernde Käfer abgefangen werden bzw. ist damit auch eine biotechnische Bekämpfung möglich.

Weidenbohrer

Cossus cossus L.

Auftreten

Ein Holzschädling, der in verschiedenen Obstbäumen und zahlreichen anderen Laubgehölzen, besonders in Weiden und Pappeln, schädlich wird

Erkennung

Am Stamm finden sich große Bohrlöcher, aus denen Bohrmehl und Raupenkot quillt und die in meist nach oben verlaufende Gänge mit ovalem Querschnitt führen. Von Raupen geschädigte Bäume zeigen gehemmtes Wachstum und gehen bei starkem Befall ein.

Bedeutung

Der Schaden, den die Raupen anrichten, kann die Ursache für das Absterben ganzer Bäume sein; Obstbäume sind meist verloren, bei Waldbäumen wird das Holz infolge der zahlreichen Fraßgänge für technische Zwecke vollkommen wertlos.

Schädling

Der Falter ist plump, die Flügel sind braungrau, weißgrau gewässert und mit dunklen Wellenlinien gezeichnet, der Körper ist stark behaart. Die Flügelspannweite des Weibchens beträgt bis zu 9,5 cm, das Männchen ist kleiner.

Der träge Schmetterling fliegt nachts im Juni und Juli, er legt hellbraune, schwarz gestreifte Eier in Gelege von 12 bis 20 Stück in Rindenritzen unter Borkenschuppen von Obst- und anderen Laubbäumen, meist unten am Stamm, ab; ein Weibchen legt bis zu 1500 Eier. Etwa 14 Tage später schlüpfen die Raupen. Sie fressen zunächst gemeinsam unter der Rinde, erst im nächsten

Frühjahr dringen sie tiefer in das Holz ein und durchfressen es in alle Richtungen, meist aufwärts steigend. Kot und Bohrmehl werden aus der Öffnung am unteren Gangende herausgeschafft und verraten damit die Anwesenheit der Raupe.

Die Jungraupen sind fleischfarben mit schwarzem Kopf und Nackenschild; später werden sie gelblich rot mit tiefrotbraunem Rücken, der Kopf, die Brust und zwei Flecken am Nackenschild sind schwarz. Die Raupen haben einen starken Bockgeruch und sind bis zu 10 cm lang. Sobald die Raupe nach zweimaliger Überwinterung erwachsen ist, wandert sie wieder in den unteren Stammteil und verpuppt sich meist in einem Kokon im Mai des dritten Jahres. Selten erfolgt die Verpuppung auch im Boden in der Nähe des Fraßbaumes. Puppenruhe: 3 bis 6 Wochen

Direkte Maßnahmen

- Stark befallene Bäume müssen gefällt und verbrannt werden. Bei schwachem Befall kann die Raupe durch Einführen eines hakenförmigen Drahtes oder eines mit Atemgift (z.B. Schwefelkohlenstoff oder Insektizid mit Atemgiftwirkung) getränkten Wattebausches abgetötet werden. Sorgfältiger Verschluss der Baumwunden ist unbedingt durchzuführen. Ferner können auch die im Juni und Juli träge am unteren Stammteil sitzenden Schmetterlinge gesammelt und getötet werden.

Larve von Weidenbohrer

Weidenbohrer in Pheromonfalle

Blausieb

Zeuzera pyrina L.

Auftreten

Auf allen Kern- und Steinobstbäumen, kann aber auch viele heimische Laubbaumarten befallen

Erkennung

In Trieben und Ästen des Kronenbereichs, aber auch in Baumstämmen mit einem Durchmesser von bis zu 10 cm frisst die auffallend gefärbte Raupe des Blausiebs. Bemerkbar macht sich der Befall durch Welkeerscheinungen, aus einem Bohrloch wird von der Larve grobkrümeliges Nagematerial ausgeworfen.

Bedeutung

Besonders in Junganlagen kann Blausiebauftreten zum Ausfall vieler Bäume führen.

Schädling

Ab Juni fliegen die plumpen Falter des Blausiebs (weißlich gefärbt mit blauschwarzen Flecken, Flügelspannweite etwa 60 mm).

Nach der Begattung legen die Weibchen ihre Eier in Gruppen (mehr als 200 Eier pro Weibchen) in Rindenrissen ab. Die schlüpfenden Jungraupen zerstreuen sich und dringen (oft bei Blattachseln) in junge Triebe ein. Später werden Zweige, Äste und Stämme bis zu 10 cm Durchmesser besiedelt. Die Raupen dringen ins Kernholz vor und legen dort ihre mehr als 30 cm langen Fraßgänge an. Durch ein Ausbohrloch wird grobes Bohrmehl bzw. Nagematerial an die Oberfläche transportiert.

Die Raupen sind leuchtend gelb gefärbt mit schwarzblauen Warzen. Kopf und Nackenschild sind ebenfalls schwarzblau. In Mitteleuropa benötigt das Blausieb für

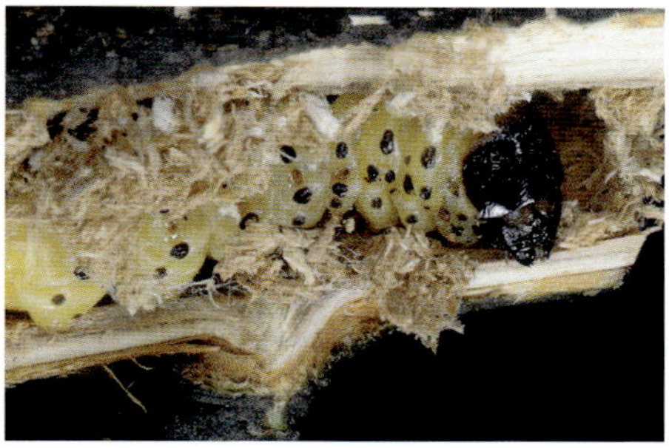

Ausgewachsene Blausieb-Raupe

Blausieb-Raupe in Trieb

Ausbohröffnung mit ausgeworfenem Bohrmaterial

die Larvenentwicklung zwei Saisonen. Die ausgewachsene Raupe verpuppt sich im zweiten Frühsommer nach der Eiablage im Fraßgang. Der Falter verlässt den Gang durch das Ausbohrloch.

Vorbeugende Maßnahmen

Durch Aufhängen von Pheromonfallen können männliche Falter in größerer Zahl abgefangen werden. So kann der Fortpflanzungserfolg der Weibchen und damit der Neubefall reduziert werden.

Direkte Maßnahmen

- Laufendes Ausschneiden von befallenen Trieben und Ästen (z. B. auch beim Winterschnitt auf das Blausieb achten!) sowie das Abtöten der älteren Raupen in den Fraßgängen durch Einführen eines Drahtes in den Bohrgang senkt den Befallsdruck. Im April und Mai kann man im Baumstreifen den groben Bohrmaterialauswurf der heranreifenden Raupen leicht finden. Oberhalb dieser Häufchen ist dann die Befallsstelle einfach auszumachen.
- Im Frühherbst, bevor die Blätter sich verfärben, kann man leicht die durch Befall mit jungen Blausieb-Larven welkenden einjährigen Triebe finden und ausschneiden.

Fraßgang einer Blausieb-Raupe

Falter des Blausiebs

Apfelbaumglasflügler

Synanthedon myopaeformis Borkhausen

Auftreten

Auf Apfel und Birne am häufigsten, fallweise auch auf Steinobst

Erkennung

Die Rinde von Befallsstellen wird weich und lässt sich (besonders bei Befall an Veredelungsstellen) schuppig ablösen. Aus Ausbohröffnungen kann krümeliger Bohrmehlauswurf und klebriger Saftfluss austreten.

Bedeutung

Auf älteren Bäumen, die schon länger voll im Ertrag stehen, hat der Apfelbaumglasflügler als Holzschädling wenig wirtschaftliche Bedeutung, er beeinträchtigt die Vitalität der Bäume nur gering.

Bei Jungpflanzen hingegen kann dieser Schädling bei vermehrtem Auftreten zu nachhaltiger Schwächung der Pflanzen bis hin zum Ausfall führen. Oft werden alte Wundstellen mit Kallusgewebe und insbesondere der Bereich der Veredelungsstellen befallen. Schwachwüchsige Apfelunterlagen sind besonders gefährdet.

Schädling

Der Falter des Apfelbaumglasflüglers ist schwarz glänzend gefärbt mit einer roten Querbinde am Hinterleib, er hat durchsichtige Flügel mit schwarzer Aderung und eine Flügelspannweite bis zu 25 mm. Ab der zweiten Junihälfte setzt der Flug der Falter ein und hält den ganzen Sommer über an.

Falter des Apfelbaumglasflüglers

Typische Befallsstelle des Apfelbaumglasflüglers im Bereich der Veredelungsstelle junger Apfelbäume

Die Weibchen legen ihre Eier in Ritzen am Stamm und an größeren Ästen, bevorzugt im Bereich alter Verletzungsstellen, ab. Die geschlüpften Raupen bohren sich sofort in die Rinde ein und beginnen unterhalb der Rinde und im äußeren Holzbereich ihre Bohrgänge anzulegen. Ausgewachsen sind die Raupen etwa 15 mm lang, weißlich, abgeflacht, mit brauner Kopfkapsel.

Für die Larvenentwicklung benötigt der Apfelbaumglasflügler ein oder zwei Saisonen, wobei die Qualität des Nahrungsangebots eine Rolle spielen dürfte. Bei Befall im Veredelungsbereich schwachwüchsiger Apfelunterlagen scheint die Entwicklung normalerweise ein Jahr zu dauern, sonst eher zwei.

Die Puppe schiebt sich durch ein von der Raupe angelegtes Ausbohrloch an die Oberfläche der Rinde. Nach dem Schlupf des Falters bleibt oft die Puppenhülle im Bohrloch stecken.

Vorbeugende Maßnahmen

- Gründliche und regelmäßige Wundpflege

Direkte Maßnahmen

- Die Falter können im Sommer in Ködergläsern (Füllung mit Apfelsaft unter Zugabe von Apfelessig und Melasse) teilweise abgefangen werden.
- Durch das Aufhängen von Pheromonfallen kann bei eher geringem Befallsdruck ein erheblicher Teil der Männchen der Population abgefangen werden und so der Fortpflanzungserfolg des Apfelbaumglasflüglers reduziert werden.
- Befallsstellen sind regelmäßig auszuschneiden, um den Befallsdruck zu mindern.

Raupe des Apfelbaumglasflüglers

Befallsstelle am Stamm eines alten Birnbaums

Wühlmaus

Arvicola terrestris L.

Auftreten

In Gartenanlagen, vorwiegend in der Nähe von Gewässern; Hauptschaden in erster Linie an Äpfeln

Erkennung

Gelbfärbung des Laubes, Jungbäume sitzen locker im Boden und lassen sich leicht herausziehen. Wurzelhals und Wurzeln sind angenagt, mitunter auch ganz abgebissen. Deutlich sind an den 1 mm breiten, paarigen Spuren ihre Nagezähne erkennbar.

Bedeutung

Schädlichste Mäuseart im Obstgarten

Schädling

Die Wühlmaus ist etwas kleiner als die Ratte und unterscheidet sich von dieser durch den kürzeren Schwanz und den stumpfen Schädel. Sie ist oberseits braunschwarzgrau, an der Unterseite heller gefärbt. Die Wühlmaus lebt unterirdisch, ist ein Pflanzenfresser und ernährt sich mit Vorliebe von frischen, saftigen Wurzeln. Sie legt im Boden ein weit verzweigtes Gangsystem an, das sich je nach Bodenbeschaffenheit flach oder tief hinzieht und eine Länge von bis zu 80 m sowie eine Tiefe von bis zu 0,5 m erreichen kann. Die Gänge sind frei von Wurzeln, großvolumig und in der Regel queroval. Erdauswürfe sind flach, grobschollig, unregelmäßig und mit Pflanzen bewachsen, zum Unterschied von den hochkegeligen, feinkrümeligen, regelmäßigen und zunächst bewuchsfreien Maulwurfhügeln. Erdauswürfe können auch fehlen.

Ein Bau wird meist nur von einem Tier bewohnt oder von einem Muttertier mit noch nicht selbstständigen Jungtieren. Innerhalb des Baues liegt das kugelige Nest, das mit trockenen Gräsern ausgestattet ist. In der Nähe befinden sich die Vorratskammern. 3- bis 4-mal jährlich erfolgt ein Wurf mit zwei bis sechs Jungen. Da die Wühlmaus schon nach zwei Monaten fortpflanzungsfähig ist, kann es zu einer Massenvermehrung kommen.

Vorbeugende Maßnahmen

- Hohen Grasbewuchs vermeiden, Fallobst laufend aufsammeln. Bei Neupflanzungen können die Jungbäume durch einen „Wühlmauskorb" aus dichtem Maschen-

drahtgewebe, der den Wurzelballen umschließt und bis an die Bodenoberfläche hochgezogen ist, vor Wühlmausfraß geschützt werden.

Direkte Maßnahmen

- Fangen mit Fallen: wirksame Methode, die Erfahrung und Zeitaufwand erfordert
- Begasen mit für diesen Zweck genehmigten Präparaten laut Gebrauchsanweisung. Auch Benzinmotor-Auspuffgase, die in die Baue eingeleitet werden, bewirken die Tötung der Nager.
- Auslegen von Giftködern: auch unter günstigen Bedingungen (nahrungsarme Zeit zu Winterausgang) nicht immer erfolgreich. Es gibt Handelspräparate und selbst herzustellende Giftköder.

Alle Methoden erfordern als Vorbereitung die Suche (mittels Suchstock), das Freilegen (in ca. 30–40 cm Länge) und Markieren der Gänge. Bewohnte Gänge sind am nächsten Tag mit Erde verstopft (Verwühlprobe) und für Bekämpfungsmaßnahmen geeignet.

Apfelfruchtstecher

Rotbrauner Apfelfruchtstecher (*Rhynchites aequatus* L.)
Purpurroter Apfelfruchtstecher (*Rhynchites bacchus* L.)

Auftreten

Auf Apfel und Marille häufig, auf Birne, Zwetschke und Pfirsich seltener

Erkennung

Ab Frühsommer findet man an Früchten, teilweise auch an Fruchtstielen oft zahlreiche Fraßlöcher mit etwa 1 mm Durchmesser. Wenn die Früchte nicht vorzeitig abfallen, bilden sich aus den Fraßstellen trichterförmige, verkorkte Vertiefungen. Bereits während des Austriebs können von Apfelfruchtstechern an Knospen und Blüten rundliche Fraßlöcher verursacht werden, dieser Schaden ist jedoch weniger auffällig.

Bedeutung

Selten tritt eine der beiden Apfelfruchtstecherarten in hoher Populationsdichte auf. Allerdings können auch relativ wenige Indi-

Rotbrauner Apfelfruchtstecher

viduen einzelne Bäumen einer Anlage nennenswert schädigen; ein Tier kann über 100 Früchte anfressen.

Schädling

Die erwachsenen Käfer des Rotbraunen Apfelfruchtstechers sind 3 bis 5 mm, die des Purpurnen Apfelfruchtstechers bis zu 6 mm lang, beide sind ab Ende April anzutreffen. Zunächst werden Knospen und Blüten, später Früchte punktförmig befressen. Von Mai bis in den Juli legen die Weibchen in einzelne dieser Fraßlöcher ihre Eier ab. Die Larven entwickeln sich in den meist vorzeitig abfallenden Früchten. Die Überwinterung erfolgt im Boden.

Direkte Maßnahmen

- Sind im Vorjahr massive Fruchtstecherschäden aufgetreten, empfiehlt es sich, das zeitliche Auftreten der Käfer regelmäßig mittels Klopfprobe zu überwachen. Achtung, im Frühsommer können Käfer aus benachbarten Anlagen zuwandern! Für visuelle Kontrollen gilt ein Schadschwellenwert von 2 bis 3 % befallenen Früchten. Gezielte Insektizidbehandlungen sind bei beobachtetem Käferauftreten bzw. wenn die Fraßstellen an Früchten noch ganz frisch sind, möglich. Geschädigte Früchte aufsammeln und vernichten, um den Befallsdruck in der kommenden Saison zu vermindern.

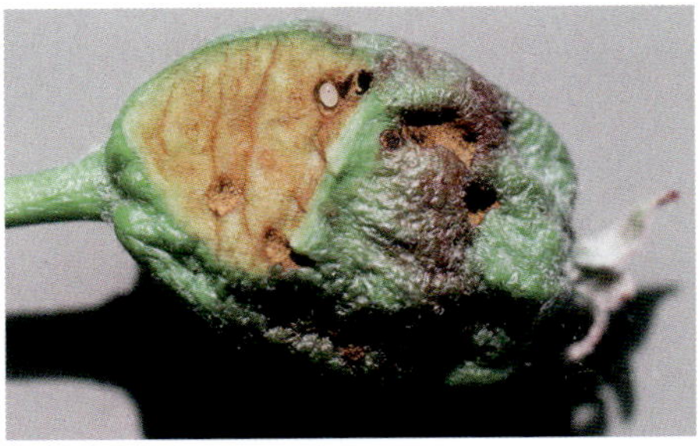

Eiablage des Rotbraunen Apfelfruchtstechers

Purpurroter Apfelfruchtstecher

Frischer Fruchtstecherschaden auf Apfel

Fruchtstecherschaden auf Marille

Apfelwickler

Cydia (Laspeyresia) pomonella L.

Auftreten

Im Allgemeinen ab Juni an Apfel, Birne, Walnuss, gelegentlich auch an Marille, Pflaume, Pfirsich und Quitte

Erkennung

Befallene Früchte werden notreif und fallen vorzeitig ab. An einer Fruchtstelle zeigt sich ein Bohrloch, das mit Kotkrümeln gefüllt ist.

Im Fruchtinneren befindet sich ein Fraßgang, der zum zerstörten Kerngehäuse führt, in dem sich meist noch die braunköpfige, zunächst gelblich weiße, später rötlich gefärbte 16-füßige Raupe (Obstmade) befindet, die bis zu 2 cm lang wird.

Bedeutung

Wichtigster Kernobstschädling, verursacht erhebliche Ernteausfälle. Nach Obstmadenschäden tritt oft Moniliafäule auf.

Schädling

Kleinschmetterling mit bleigrauen Vorderflügeln, die von dunklen Bändern durchzogen sind und nahe der Flügelspitze einen dunklen, goldig glänzenden Fleck (Augenfleck) aufweisen. Hinterflügel einheitlich hellbraun; Flügelspannweite: 20 mm

In unseren Klimagebieten in der Regel zwei Bruten. In höheren Lagen und dort, wo die Temperaturen, die für die Puppenentwicklung nötig sind, nicht erreicht werden, nur eine Generation. Flugdauer der ersten Brut von Mai bis Anfang August; sie überschneidet sich mit jener der zweiten Brut, die von Ende Juli bis Anfang September dauert. Flugspitzen bei trockenem, warmem und windstillem Wetter

Die Weibchen legen ihre Eier, silbrig glänzende Schildchen, an Früchte und Blätter ab. Nach einigen Tagen, je nach Witterung, schlüpfen die Raupen, bohren sich in die Frucht hinein und zerstören das Kerngehäuse. Drei bis vier Wochen später verlassen sie die Frucht und spinnen sich in einem weißen Kokon unter Borkenschuppen und anderen Baumverstecken ein. Ein Teil der Raupen verpuppt sich und entlässt Ende Juli die Falter, die übrigen überwintern bereits. Die Eier der zweiten Brut werden an herangereiften Früchten abgelegt, die Raupen findet man in reifen Früchten. Wenn sie erwachsen sind, spinnen sie sich aus den Früchten ab und überwintern in einem Kokon, sowohl in Rindenverstecken als auch im Boden. Erst im folgenden Frühjahr erfolgt die Verpuppung.

Direkte Maßnahmen

- Fallobst möglichst regelmäßig auflesen und vernichten. Ab Juli Wellpapperinge an den Stamm anlegen, so kann man überwinternde Raupen abfangen und vernichten.
- In größeren, einheitlichen Anlagen können vor Flugbeginn der Falter Kunststoffkapseln mit großen Mengen an weiblichen Sexuallockstoffen (Pheromone) ausgebracht werden, so wird die Geschlechterfindung unterbunden. Dadurch werden keine befruchteten Eier abgelegt, es kommt zu keinem Obstmadenbefall (Verwirrungs- oder Konfusionsmethode).

- Gezielte Behandlung der Kernobstbäume mit einem zur Obstmadenbekämpfung genehmigten Insektizid. Die Behandlungstermine werden Obstbauern in Form von Warndienstmeldungen bekannt gegeben. Die Beobachtung des Flugverlaufs ist mittels Pheromonfallen möglich.

Behandlungstermine und Wartezeiten unbedingt einhalten!

Walnusspockenmilbe

Eriophyes tristatus Nalepa

Auftreten

Auf Walnuss

Erkennung

Auf den Blättern zeigen sich an der Ober- und Unterseite stecknadelkopfgroße Knötchen, die zuerst gelblich grün, später rötlich gefärbt sind. Auch die Früchte können befallen sein.

Bedeutung

Sehr auffälliges Befallsbild, der Schaden bleibt aber meist ohne wirtschaftliche Bedeutung. Nur bei sehr starkem Vorjahrsbefall bzw. bei Jungbäumen können Behandlungsmaßnahmen notwendig werden.

Schädling

Die Gallmilben sind 0,2 bis 0,3 mm lang und spindelförmig. Sie überwintern unter Knospen- und Rindenschuppen und besiedeln im Frühjahr die jungen Blätter, an denen sie saugen. Das regt das Blatt an, die Milbe mit den beschriebenen Gallen zu überwachsen. Die Gallen sind innen stark behaart und von vielen Milben besiedelt.

Direkte Maßnahmen

- Im Hausgarten sollte man befallene Blätter frühzeitig auspflücken und vernichten. Wenn chemische Behandlungen nötig sind, müssen geeignete Akarizide im späten Frühjahr verwendet werden, bevor die ersten Blattgallen erscheinen.

Befallsbild der Walnusspockenmilbe

Schädlinge im Detail: Kernobst

Apfelrostmilbe

Aculus schlechtendali (Nalepa)

Auftreten

Auf Apfel, selten auch auf Birne zu finden

Erkennung

Befallene Blätter können eine vermehrte, filzige Blattbehaarung aufweisen und sind am Rand leicht nach oben gewellt. Bei starkem Befall können sich die Blätter leicht silbrig braun verfärben.

Bedeutung

Wenn kurz nach der Blüte Rostmilben die jungen, noch behaarten Früchte besiedeln, so können sie durch ihre Saugtätigkeit Fruchtberostungen hervorrufen. Bei empfindlichen Sorten (Jonagold-Verwandtschaft) kann übermäßiger Rostmilbenbefall im Frühsommer Probleme mit unzureichender Fruchtausfärbung verursachen. Die wirtschaftliche Bedeutung der Rostmilbe als Schädling wird oft überbewertet. Fruchtberostungen und Ausfärbungsprobleme können durch eine Vielzahl anderer Faktoren ebenfalls ausgelöst werden (z. B. Standort und Witterungsverlauf). Blattaufwölbungen können im Frühsommer auch durch Schwankungen in der Wasserversorgung der Bäume ausgelöst werden. Da Raubmilben von Rostmilben als Nahrung gerne angenommen werden, kann ein geringer Rostmilbenbesatz die Raubmilbenpopulation positiv beeinflussen bzw. begrenzen die Raubmilben die Vermehrung der Apfelrostmilbe.

Von Apfelrostmilben befallene Blätter

Apfelrostmilben auf einem Blatt im Durchlicht

Apfelrostmilbenbefall auf der Frucht

Schädling

Die Apfelrostmilbe ist eine 1 bis 2 Zehntelmillimeter große, frei lebende gelbliche (also nicht Gallen bildende) Gallmilbe mit keulenförmiger Gestalt. Sie besitzt zwei Beinpaare und Mundwerkzeuge, mit denen sie Pflanzenzellen anstechen und aussaugen kann.

Die Tiere überwintern in Gruppen unter Knospenschuppen und ähnlichen Verstecken am Baum. Ab Knospenaufbruch besiedeln sie die noch jungen Blätter und auch die jungen Früchte. Es treten während der Saison viele Generationen auf, wobei im Sommer die Entwicklung vom Ei bis zum adulten Tier nur zwei Wochen dauern kann. Wegen der Vielzahl an Generationen pro Saison und einem hohen Vermehrungspotenzial kann die Populationsdichte im Laufe einer Vegetationsperiode auch ohne Einwirkung von Pflanzenschutzmitteln starken natürlichen Schwankungen unterliegen.

Direkte Maßnahmen

- Gezielte Behandlung ist nur bei empfindlichen Sorten bei sehr hoher Rostmilbendichte angezeigt. Um die Stärke des Rostmilbenbefalls abzuschätzen, kontrolliert man die 3. bis 5. Blätter von Langtrieben (von der Triebspitze her gezählt, diese Blätter zeigen meist die höchste Rostmilbendichte) mit einer stark vergrößernden Lupe im Gegenlicht (Blatt gegen die Sonne halten, so zeichnen sich die Rostmilben im Durchlicht besser ab als bei normaler Betrachtung). Neben zur Gallmilbenbekämpfung geeigneten Akariziden zeigen auch Netzschwefelpräparate eine sehr gute Wirkung gegen Rostmilben.

Apfelblütenstecher

Anthonomus pomorum L.

Auftreten

Ab dem Knospenschwellen, besonders in Waldnähe; an Apfel-, seltener auch an Birnbäumen sichtbar

Erkennung

Gegen Ende der Apfelblüte sind die Blütenknospen nicht geöffnet, sondern kuppelförmig geschlossen, die Blütenblätter sind rotbraun verfärbt und sehen wie verbrannt aus, um schließlich zu vertrocknen. Das Blüteninnere ist ausgefressen, Staubbeutel und Stempel fehlen. In den geschädigten Blüten findet man meist eine gelblich weiße, leicht gekrümmte, beinlose, 6 mm lange Larve, später eine gelbliche Puppe.

Bedeutung

In Jahren, die für die Entwicklung des Käfers günstig sind (kaltes, die Vegetation hemmendes Frühlingswetter), oft beträchtliche Schäden – ein Großteil des Blütenansatzes fällt dem Schädling zum Opfer. Schädlich wird der Apfelblütenstecher vor allem bei geringem Blütenansatz: 10–15 Fraßstellen pro 100 Knospen bei visueller Kontrolle.

Schädling

Der Apfelblütenstecher ist ein etwa 4 mm langer und 2 mm breiter, graubrauner Rüsselkäfer mit einer hellgrauen, nach vorne einen offenen Winkel bildenden Querbinde auf den Flügeldecken. Der Käfer überwintert unter Borken- und anderen Baumverstecken, auch an Waldbäumen und im Erdboden; er fliegt an sonnigen Märztagen auf die Apfelbäume und führt dort zunächst einen Reifungsfraß durch. Dazu werden die schwellenden Knospen angebohrt und der aus der Wunde fließende Saft wird verzehrt.

Nach erfolgter Paarung bohrt das Weibchen die noch fest geschlossenen Blütenknospen an und schiebt ein Ei hinein. Wenige Tage später schlüpft eine Larve und ernährt sich von den inneren Blütenorganen und den Innenseiten der Kronenblätter, sodass sich die Blüte nicht öffnen kann. Nach drei bis vier Wochen Fraßzeit verwandelt sie sich in eine Puppe, nach kurzer Puppenruhe verlässt der Jungkäfer die zerstörte Blüte.

Er skelettiert die Blätter meist von der Unterseite her, ohne viel Schaden anzurichten, einzelne Früchte werden durch später vernarbenden Punktfraß geschädigt. Ab August sucht der Käfer das Winterversteck auf.

Direkte Maßnahmen

- Durch eine Vorblütebehandlung (Knospenaufbruch, II, bis Grünknospenstadium, V) mit einem für diesen Zweck registrierten Insektizid. Durch Beobachtung des Käferauftretens (Reifungsfraß, Abklopfen der Käfer auf eine helle Unterlage oder in einen Sammeltrichter) kann man Behandlungsnotwendigkeit und -zeitpunkt bestimmen.

In Jahren mit einer witterungsbedingt lang dauernden Austriebsphase kann eine Wiederholung der Behandlung nötig sein.

Birnknospenstecher

Anthonomus pyri Kollar

Auftreten

Vor allem auf Birne

Erkennung

Im Frühjahr treiben befallene Blütenknospen nicht aus. Das Knospeninnere ist ausgefressen. In den geschädigten Knospen findet man eine beinlose, etwa 6 mm lange Larve, später eine gelbliche Puppe.

Bedeutung

In Befallsgebieten ein wichtiger Birnenschädling. Im Herbst werden durch den Reifungsfraß der Käfer Blüten- und Blattknospen zerstört. Da auch die Blütenknospen, die mit einem Ei des Käfers belegt wurden, nicht austreiben, kann es zu einem erheblich reduzierten Blütenansatz im nächsten Frühjahr kommen.

Schädling

Der Birnknospenstecher ist ein etwa 5 mm langer, braungrauer Rüsselkäfer mit einer breiten, hellen Querbinde auf den Flügeldecken. Etwa Anfang September vollführt der Käfer zunächst einen Naschfraß auf den Birnbäumen.

Nach der Kopulation legen die Weibchen ihre Eier einzeln in Blütenknospen ab. Noch im Herbst oder erst im folgenden Frühjahr schlüpft die Larve, welche die Knospe von innen her aushöhlt. Nach der Verpuppung schlüpft etwa im Mai der Käfer aus der zerstörten Knospe. Schon bald verschwindet der Käfer wieder, um in Spalten und Rindenritzen ein „Übersommerungsversteck" aufzusuchen. Erst Anfang September kehrt der Käfer wieder in den Kronenbereich der Bäume zurück.

Birnknospenstecher

Befallene Birnenknospe

Direkte Maßnahmen

- Sicher wirksam ist eine Behandlung mit einem geeigneten Insektizid zur Zeit des Reifungsfraßes im Herbst. Es empfiehlt sich, ab Anfang September das Auftreten des Käfers zu beobachten (Abklopfen der Käfer auf eine helle Unterlage oder in einen Sammeltrichter) und dadurch Behandlungsnotwendigkeit und -zeitpunkt zu ermitteln.

Apfelblattsauger

Frühjahrsapfelblattsauger (*Cacopsylla mali*)
Sommerapfelblattsauger (*Cacopsylla picta*)

Auftreten

Auf Apfel, bevorzugt in windstillen, geschützten Lagen und zu dichten Baumbeständen

Erkennung

Blatt- und Blütenbüschel entfalten sich im Frühjahr nur sehr langsam und sind teilweise stark verklebt *(C. mali)*; an Zweigen und Trieben reichlich Honigtauabscheidung und Rußtaubildung. Die Triebe krümmen sich und vertrocknen, verbleiben jedoch oft in diesem Zustand am Baum, der durch dürftige Belaubung auffällt.

Bedeutung

An stark befallenen Bäumen unterbleiben der Fruchtansatz und die Fruchtholzbildung.

Schädling

Frühjahrsapfelblattsauger: Die flach gedrückten, Blattlaus ähnlichen, hellgelben bis grünlichen Nymphen saugen an den sich eben spreizenden Blättchen und scheiden reichlich zuckerhaltigen Kot („Honigtau") aus. Rußtaubildung folgt bald. Nach einigen Häutungen sind die Nymphen erwachsen und werden zu 3 bis 4 mm langen, flohartig springenden, grünlichen bis bräunlichen Insekten mit vier häutigen Flügeln. Sie verursachen keine Schäden. Ab Ende August legen sie gelbe, elliptische, 0,4 mm lange Eier an die äußer-

sten Zweigspitzen in Knospennähe ab, die den Winter überdauern. Im Frühjahr schlüpfen daraus die Nymphen; es gibt eine Generation pro Jahr.

Sommerapfelblattsauger: Die erwachsenen bräunlich gefärbten Tiere wandern im Frühjahr zu Beginn des Austriebs (ab Anfang/Mitte April) wieder zurück auf die Apfelbäume und saugen an jungen Blättern. Sie paaren sich und beginnen zur Blütezeit mit der Eiablage an Blüten- und Blattstielen sowie Blattunterseiten. Die grünlich gefärbten Nymphen (Larven) und erwachsenen Tiere der neuen Generation (ab Mitte Mai) saugen an Blättern und jungen Früchten. Nach einiger Zeit verlassen sie den Apfel (ab etwa Ende Mai bis Mitte Juli) und fliegen verschiedene Nadelbäume (Fichte, Kiefer, Douglasie) bevorzugt in höheren Lagen an. Dort verbringen sie den restlichen Sommer, Herbst und Winter und kehren erst im nächsten Frühjahr wieder zurück. Der Sommerapfelblattsauger hat nur eine Generation pro Jahr. Er ist der wichtigste Vektor der Apfeltriebsucht in Deutschland und den angrenzenden Ländern.

Direkte Maßnahmen

- Winterbehandlung gegen überwinternde Eier *(C. mali)*
- späte Austriebsbehandlung gegen schlüpfende Junglarven *(C. mali)* und erwachsene Tiere *(C. picta)*
- Vor- bzw. Nachblütebehandlung mit für diesen Zweck genehmigten Insektiziden zur Abtötung der Larven

Blattläuse auf Kernobst

Grüne Apfelblattlaus (*Aphis pomi* de Geer)
Apfelgraslaus (*Rhopalosiphum insertum* Walk.)
Mehlige Apfelblattlaus (*Dysaphis plantaginea* Pass.)
Apfelfaltenlaus (*Dysaphis devecta* Walk.)
Mehlige Birnenblattlaus (*Dysaphis pyri* Boyer de Fonscolombe)

Erkennung

Junge Blätter eingerollt, vor allem an den Triebspitzen; Triebwachstum gehemmt

Bedeutung

Bei starkem Befall vertrocknen Blätter und Triebe, unansehnliche, kleinbleibende Früchte

An den Honigtauausscheidungen siedeln sich Rußtaupilze an. Übertragung von Viruskrankheiten möglich

Schädling

Blattläuse leben in der Regel in Kolonien an frischen Trieben und zählen zu den unangenehmsten Schädlingen des Obstbaus. Eine der häufigsten Lausarten ist die Grüne Apfelblattlaus.

Im zeitigen Frühjahr, vielfach noch vor dem Öffnen der Knospen, erscheinen die hellgrünen bis bräunlich grünen jungen Stammmütter und saugen an den eben sichtbar werdenden jungen Blättchen. Bereits nach 14 Tagen beginnt die Fortpflanzung.

Je Blattlaus werden 40 bis 70 Jungläuse abgesetzt. Die Generationenfolge ist, vor allem bei günstigen Witterungsverhältnissen, sehr rasch, bis zu zehn Bruten jährlich. Diese Blattlausart bleibt das ganze Jahr hindurch am Apfelbaum, sie wechselt nicht ihre Wirtspflanze wie nachstehend erwähnte Arten.

Die Apfelgraslaus, der vorigen sehr ähnlich, jedoch mit kürzeren Fühlern und hellerem, kürzerem Hinterleibsröhrchen, verbleibt nur bis kurz nach der Blüte am Apfel und wandert dann auf Gräser ab.

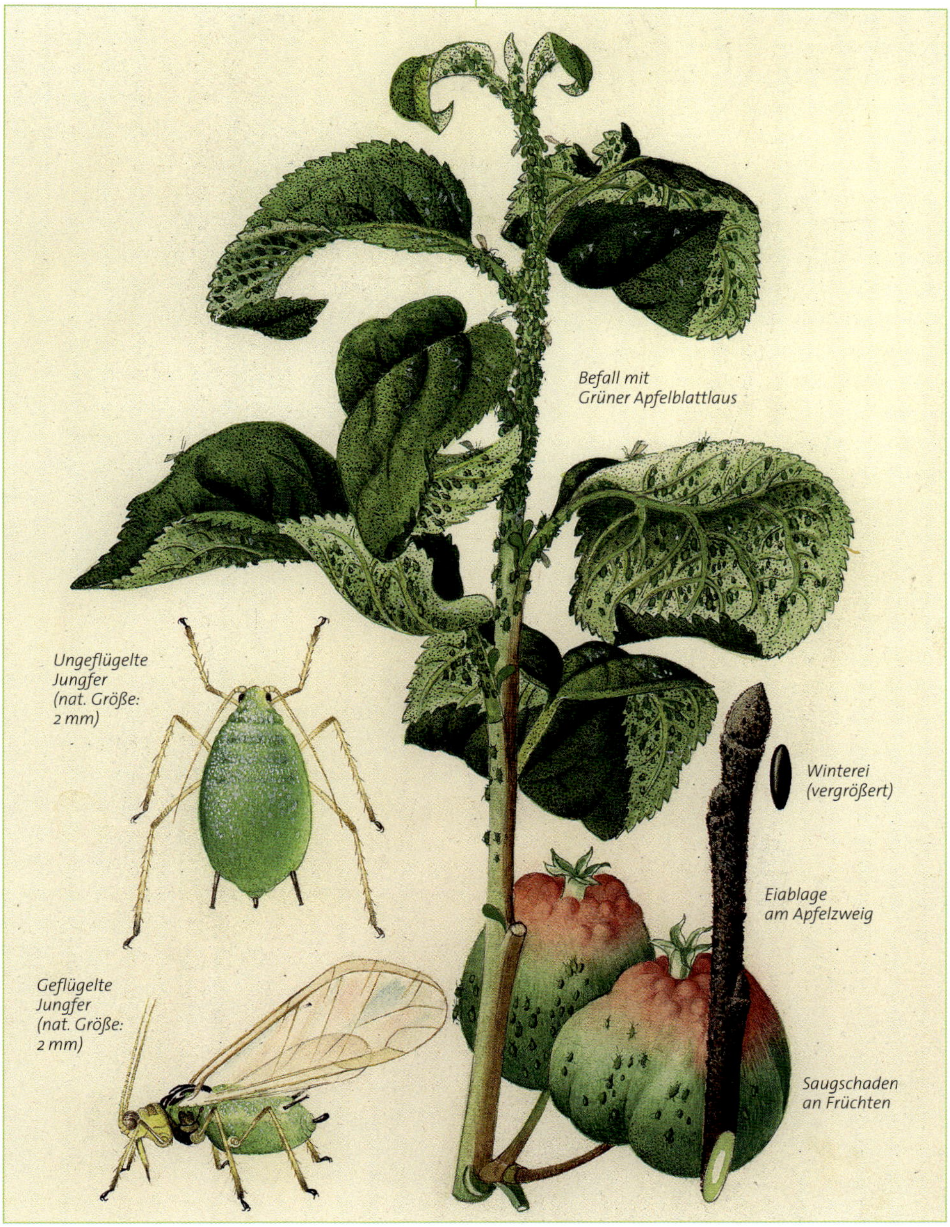

Die Mehlige Apfelblattlaus ist grau- bis rötlich braun gefärbt und scheint mehlig bepudert. Sie verursacht durch ihre Saugtätigkeit wesentlich stärkere Blattrollungen (quer zur Mittelrippe) als die beiden vorigen Arten. Bei Massenbefall verdorren die Jungtriebe. Ab Juni beginnen die geflügelten Stadien auf Unkräuter abzuwandern. Beide wirtswechselnde Arten kehren im Herbst zur Wintereiablage an Obstbäume zurück.

Die Apfelfaltenlaus ist zwar nicht wirtswechselnd, ihre Entwicklung ist jedoch im Hochsommer bereits abgeschlossen, sodass die typisch leuchtend roten, längs gerollten Blätter um diese Jahreszeit bereits unbesiedelt sind. Von September an legen die Weibchen der letzten Brut aller hier beschriebenen Blattlausarten glänzend bis mattschwarze widerstandsfähige Wintereier an geschützten Rindenstellen der Obstbäume ab.

Direkte Maßnahmen

- Die überwinternden Eier können durch Anwendung von „gegen am Baum überwinternde tierische Schaderreger" registrierten Winter- oder Austriebsspritzmitteln während der Vegetationsruhe bzw. zum Austrieb bekämpft werden. Auf eine gründliche Benetzung aller Baumteile achten!
- Bei nicht zu starkem Befall kann das Ausschneiden und Vernichten der Blattlauskolonien eine Ausweitung des Blattlausschadens verhindern. Leimringe an Stämmen und Unterstützungen unterbinden das Aufwandern von Ameisen, welche die Ausbreitung von Blattläusen begünstigen (Ameisen schützen die Blattläuse vor Feinden und verbreiten sie).
- Während der Vegetationszeit mit für diesen Zweck registrierten Insektiziden. Die Zeit unmittelbar vor und nach der Blüte ist für die Blattlausbekämpfung besonders wichtig. Auf eine weitgehende Schonung von Blattlausräubern und -parasiten ist dabei zu achten. Schadschwellenwerte: Mehlige Apfelblattlaus 1 bis 2 % befallene Bäume, Apfelfaltenlaus 3 bis 5 % befallene Triebe, Grüne Apfelblattlaus 10 bis 15 % befallene Triebe

Schadbild Mehlige Apfelblattlaus

Schadbild Apfelfaltenlaus

Blutlaus

Eriosoma *(Schizoneura) lanigerum* Hausm.

Auftreten

An Apfel, ganz selten an Birne und Weißdorn. Die Schäden werden erst nach längerem Befall an den Bäumen sichtbar.

Erkennung

In der Vegetationszeit treten an Trieben, Zweigen sowie an Ast- und Stammwunden auffällige watteähnliche Gebilde auf. Darunter befinden sich rotbraune Läuse, die beim Zerdrücken einen blutroten Saft abgeben. Durch das Saugen der Läuse entstehen beulenartige Anschwellungen, die Rinde platzt auf und bildet krebsartige Wucherungen (Blutlauskrebs).

Bedeutung

Mehrjähriger Befall führt zu Wachstumsstörungen der befallenen Teile und schließlich zum Absterben der Bäume.

Schädling

Die Jungläuse sind etwa 1 mm groß. Sie überwintern an geschützten Stellen des Apfelbaumes, besonders gerne am Wurzelhals, an Wundstellen des Stammes und in Rindenritzen.

Mit Beginn der wärmeren Jahreszeit, im Mai, wandern die Tiere auf Triebe und Zweige und werden zu ungeflügelten, etwa 2 mm großen Weibchen. Rücken und Hinterleib der Tiere sind von watteartigen Ausscheidungen bedeckt. Blutlausweibchen bringen ohne Befruchtung bis zu 130 lebende Junge zur Welt, die sich in gleicher Weise fortpflanzen. Bei günstigen Witterungsverhältnissen kann es während einer Vegetationsperiode zur Bildung von acht bis zehn Bruten kommen. Im Sommer treten in geringerer Zahl auch geflügelte Tiere auf; sie verbreiten die Art in der Umgebung. Durch die Saugtätigkeit der Blutläuse werden die befallenen Stellen gereizt, es bilden sich krebsartige Wucherungen.

SCHÄDLINGE IM DETAIL · **KERNOBST**

Vorbeugende Maßnahmen

- Keine blutlausanfälligen Sorten (z. B. 'Gloster' oder 'Goldparmäne') setzen. Übermäßige Stickstoffdüngung und zu starkes, lang anhaltendes Triebwachstum vermeiden.
- In vielen Fällen bricht ein beginnender Blutlausbefall in der ersten Junihälfte wieder zusammen. Das ist auf die natürlichen Gegenspieler, besonders die Blutlauszehrwespe *(Aphelinus mali)* und den Ohrwurm, zurückzuführen, deren Auftreten zu dieser Zeit einsetzt. Die Schonung dieser Nützlinge bei der Pflanzenschutzarbeit hilft, Blutlausprobleme im Sommer zu verhindern.

Direkte Maßnahmen

- Achtung! Behandlungen mit Winter- oder Austriebsspritzmitteln gegen „am Baum überwinternde tierische Schaderreger" zeigen keine Wirkung gegen die Blutlaus (Überwinterungsort!).
- Behandlungen mit geeigneten Insektiziden im Sommer. Wirtschaftliche Schadschwelle: 10% der Langtriebe mit Blutlausbefall. Bei der Behandlung auf gründliche Benetzung achten! Im Hausgarten kann die Insektizidlösung auch mit einem Pinsel direkt auf die Kolonien aufgebracht werden, anstatt den ganzen Baum zu spritzen.

Apfelsägewespe & Birnensägewespe

Hoplocampa testudinea Klug & *Hoplocampa brevis* Klug

Auftreten

Auf Apfel bzw. Birne

Erkennung

Am Apfel zeigen die jungen Früchte bald nach der Blüte einen violetten Fraßgang unter der Schale, der später als bogenförmige Verkorkung an der reifen Frucht erkennbar ist. Wenig später findet man (bei Apfel und Birne) junge Früchte mit Bohrlöchern (bis ins Kerngehäuse), aus denen jauchiger Kot austritt. Diese Früchte fallen vorzeitig ab.

Bedeutung

Besonders bei geringem Fruchtansatz sind erhebliche Ausfälle durch Sägewespenbefall möglich.

Schädling

Der Flug der bräunlichen, etwa 6 mm großen, erwachsenen Wespen findet zur Blütezeit der Bäume statt. Die Wespen werden von den weißen Blüten angelockt und legen mit ihrem sägeartigen Legeapparat ihre Eier einzeln in von ihnen ange-

Apfelsägewespe bei der Eiablage

fertigte Ritzen in der Kelchregion der Blüten. Jedes Weibchen legt etwa 20 Eier. Mit Ende der Blüte schlüpft die weißliche Sägewespenlarve (mit brauner Kopfkapsel) und befällt nacheinander bis zu fünf Früchte. Eine einzige Sägewespenlarve kann also ein ganzes Fruchtbüschel zerstören. Die ausgewachsenen Larven lassen sich nach drei bis vier Wochen Fraßaktivität zu Boden fallen und überwintern dort in der oberen Bodenschicht. Die Verpuppung erfolgt im darauf folgenden März.

Larve der Birnensägewespe

Direkte Maßnahmen

- Um für diesen Zweck zugelassene Pflanzenschutzmittel anzuwenden, muss der richtige Termin gewählt werden. Der optimale Bekämpfungszeitpunkt ist das Schlüpfen der Larven aus den Eiern. Dieser Termin fällt meistens mit dem Abfall der Blütenblätter zusammen. Man kann den Verlauf der Eientwicklung und den beginnenden Eischlupf auch durch Eikontrollen mit der Lupe direkt beobachten.

Mit beleimten Weißfallen kann man die Flugaktivität der Wespen beobachten. Die Fallen sollte man etwa eine Woche vor dem Aufblühen ausbringen (im äußeren Kronenbereich, sonnseitig, in etwa 1,8 m Höhe). Um nicht unnötig viele Nützlinge zu fangen, sollte man die Tafeln etwa eine Woche nach Blühende wieder entfernen. Werden keine Sägewespen gefangen, braucht man keinen

Sägewespenschaden zu befürchten (Negativprognose).

Bei chemischen Behandlungen auf eine gründliche Benetzung, auf den unterschiedlichen Blühverlauf der verschiedenen Sorten (unterschiedliche Eiablagetermine!) sowie auf den Schutz der Bienen achten!

Eiablagestelle der Apfelsägewespe

Birnengallmücke

Contarinia pyrivora Ril.

Auftreten

Auf Birne

Erkennung

Befallene Früchte zeigen unmittelbar nach der Blüte ein rasches Wachstum und eine unnatürlich runde Form. Bei einem Fruchtdurchmesser von etwa 2 cm bleiben diese Birnchen im Wachstum stecken, werden schwärzlich, brechen auf und fallen schließlich vorzeitig ab. Das Innere der Früchte ist von einer Vielzahl weißlicher Maden ausgehöhlt.

Bedeutung

Die Birnengallmücke besitzt ein sehr hohes Vermehrungspotenzial. Binnen weniger Saisonen kann der Befallsdruck, wenn keine gezielten Bekämpfungsmaßnahmen ergriffen werden, bis hin zum Totalausfall ansteigen.

Schädling

Die unauffälligen, 2,5 bis 4 mm langen, grauschwarzen erwachsenen Gallmücken fliegen bereits während des Austriebs. Sie besitzen eine lange teleskopartige Legeröhre und können so ihre Eier in den noch nicht geöff-

Längsschnitt durch eine befallene Frucht kurz vor dem Auswandern der ausgewachsenen Larven

neten Blütenanlagen ablegen. Nach der Blüte höhlen die geschlüpften Larven die junge Frucht von innen her lamellenförmig aus und verursachen die oben beschriebenen Wachstumsanomalien.

Pro Frucht können sich bis zu 100 Larven entwickeln. Ausgewachsen sind die Maden etwa 4 mm lang und weißlich gefärbt.

Die Larven verlassen die aufbrechenden Früchte und ziehen sich zur Überwinterung in den Boden zurück.

Vorbeugende Maßnahmen

- Auspflücken und Vernichten der befallenen Früchte, bevor sie aufbrechen, damit der Befall in der nächsten Saison nicht stärker wird

Direkte Maßnahmen

- Mechanische Bearbeitung des Bodens unter den Bäumen kann einen Teil der überwinternden Gallmücken abtöten.
- Gezielte Behandlung mit geeigneten Insektiziden vor der Blüte, spätestens im Ballonstadium, vornehmen. Bei starkem Befall und verzögerter Blütenentwicklung kann es notwendig sein, mehrere Anwendungen vorzunehmen, um alle Gallmücken zu treffen.

Längs- und Querschnitt durch eine befallene Frucht

Blattgallmücken

Apfelblattgallmücke (*Dasyneura mali* Kief)
Birnengallmücke (*Dasyneura pyri* Bouche)

Auftreten

Auf Apfel bzw. Birne

Erkennung

Junge Blätter entfalten sich nicht, sondern bleiben mehr oder weniger stark nach oben zusammengerollt.

Bedeutung

Im Erwerbsobstbau in Anlagen, die bereits im Ertrag stehen, nicht bekämpfungswürdig. Auf Jungbäumen und in Baumschulen jedoch von großer Bedeutung

Schädling

In den Blattwickeln wachsen die madenförmigen Larven der Gallmücken heran, die sich vom Blattmaterial ernähren (Apfelblattgallmücke weißlich bis orange gefärbt, ausgewachsen bis zu 3 mm lang; Birnengallmücke weißlich und bis zu 2 mm lang).

Schadbild der Apfelblattgallmücke

Die ausgewachsenen Larven lassen sich zu Boden fallen und verpuppen sich dort. Die erwachsenen Gallmücken sind etwa 2 mm lang und bräunlich gefärbt. Sie legen ihre Eier auf junge, noch nicht entfaltete Blätter ab. Pro Jahr treten meist drei Generationen auf.

Vorbeugende Maßnahmen

- Lang andauerndes Triebwachstum fördert den Befall. Bei (auch aus anderen Gründen erwünschtem) frühem Triebabschluss finden die Sommergenerationen nur wenige zur Eiablage geeignete junge Blätter, der Befall bleibt gering.

Direkte Maßnahmen

- Durch Ausschneiden und Vernichten befallener Blattanlagen kann der Befall reduziert werden.
- Bei Jungbäumen respektive in Baumschulen kann eine gezielte Insektizidbehandlung nötig sein. Um die vermutliche Flugzeit der Mücken abschätzen zu können, sollte man die Entwicklung der Larven in den geschädigten Blättern und ihr Auswandern zur Verpuppung beobachten.

Apfelblattgallmücke, befallenes Einzelblatt

Apfelbaumgespinstmotte

Hyponomeuta malinella Zell.

Auftreten

Tritt in manchen Jahren sehr stark auf und schädigt vor allem Apfel-, seltener auch Birnbäume

Erkennung

Im Mai/Juni sind die Blätter der End- und Seitentriebe mit einem dichten, schleierartigen Gespinst überzogen, in dem zahlreiche gelblich graue, schwarz gefleckte Räupchen leben. In das Gespinst einbezogene Blätter sind stark skelettiert.

Bedeutung

Bei starkem Auftreten sind ganze Baumkronen versponnen, Kahlfraß und beachtliche Verminderung der Obsternte sind die Folge. Gespinstmotten sind im Erwerbsobstbau kaum noch ein Problem, im Streuobstbau können sie hingegen erhebliche Schäden verursachen.

Schädling

Die Apfelbaumgespinstmotte ist ein Kleinschmetterling, 18 bis 20 mm groß, die Vorderflügel sind reinweiß mit drei Reihen schwarzer Punkte, die hellgrauen Hinterflügel sind durch lange Fransen gekennzeichnet. Die Falter fliegen Ende Juni, Anfang Juli bis in den August hinein, die Weibchen legen in dieser Zeit die Eier dachziegelartig in bis zu 80 Eier enthaltenden Häufchen auf dünne Zweige ab und bedecken sie mit einer dünnen Sekretschicht, die bald härtet.

Noch im Herbst schlüpfen Räupchen, die unter der Sekretschicht überwintern und diese erst im Frühjahr bei Knospenaufbruch verlassen. Sie wandern in die Knospen, minieren dann in den jungen Blättern, später werden größere Blätter unter einem Gespinst befressen: Schließlich stellen die Tiere an den Triebspitzen die bekannten auffälligen Gespinste her, die sie allmählich durch Einspinnen benachbarter Blätter

Schadbild der Apfelbaumgespinstmotte

vergrößern und in denen auch die älteren Raupen noch gesellig leben. Erwachsen sind die Raupen weißgelb, schwarzköpfig, mit zwei Reihen dunkler Punkte; sie werden bis zu 20 mm lang. Sie verpuppen sich einzeln innerhalb der Gespinste in einem spindelförmigen weißen, etwa haferkorngroßen Kokon; die Kokons stehen senkrecht nebeneinander; jährlich eine Brut.

Während die Apfelgespinstmotte selten einmal den Baum kahl frisst, ist das bei anderen Arten, z. B. bei der Pflaumengespinstmotte, häufig der Fall.

Direkte Maßnahmen

- Abschneiden und Vernichten der Gespinste
- Winterbehandlung gegen die unter den Eihüllen überwinternden Räupchen
- Austriebsbehandlung als wirksame Maßnahme gegen die Jungräupchen
- Wurde keine Winter- oder Austriebsspritzung durchgeführt, können die Jungräupchen mit für diesen Zweck genehmigten Mitteln gut bekämpft werden, solange die Gespinste noch nicht gebildet sind. Ältere Raupen sind widerstandsfähiger.
- Bekämpfung der Jungraupen mit nützlingsschonenden mikrobiologischen Präparaten, wie z. B. *Bacillus thuringiensis*-Präparaten

Birnblattsauger

Großer Birnblattsauger (*Cacopsylla pyrisuga* Foerst)
Gemeiner Birnblattsauger (*Cacopsylla pyri* L.)
Gefleckter (Kleiner) Birnblattsauger (*Cacopsylla pyricola* Foerst)

Auftreten

Im Frühjahr, mit Vorliebe an noch jungen Trieben

Erkennung

Im späten Frühjahr teilweise starkes Einrollen und Kräuseln der Blätter und Triebe, die schwarz werden und absterben. Reichliche Abscheidung von Honigtau, auf dem sich Rußtaupilze ansiedeln

Bedeutung

Starke Triebstauchungen, die zum Absterben führen. Bei starkem Befall kann der Fruchtansatz beachtlich vermindert werden.

Schädling

Der Große Birnblattfloh, die wichtigste Art, ist 3 bis 4 mm lang, anfangs grün, später dunkelbraun gefärbt; das erwachsene Insekt überwintert. Im Frühjahr, zur Zeit des Knospenaufbruchs, werden die Eier abgelegt, einzeln oder in Häufchen an jungen Blättern, Blattstielen und an Trieben. Die Eiablage findet in zwei Schüben mit einem Intervall von vier bis sechs Wochen statt. Ab Mitte Mai erscheinen 1,5 bis 2 mm große, platt gedrückte, wanzenartige Larven, die gelblich rot bis grüngrau gefärbt sind und am Rücken helle Längslinien haben. Sie sitzen dicht zusammengedrängt an Blattunterseiten, Blattstielen und Trieben, saugen aus der Pflanze ihre Nahrung und scheiden große Mengen von flüssigem Kot („Honigtau“) aus, sodass bald ganze Triebe und Blätter von ihm überzogen sind. Die Larven setzen sich gerne an der Basis der noch weichen Triebe fest. Gute Wegweiser zu den Befallsstellen sind die zu- und abwandernden Ameisen, die den Honigtau gierig aufnehmen.

Ab Juni schlüpfen die erwachsenen Tiere; sie sitzen meist mit dachförmig zusammengelegten Flügeln an den Blattunterseiten. Erwachsene Blattflöhe können gut springen, sie verlassen die Birne nach kurzer Saugtätigkeit an den Blättern. Es entsteht keine zweite Generation. Im folgenden Frühjahr wandern sie, bevor die Knospen schwellen, wieder auf die Birnbäume.

Der Gemeine Birnblattsauger verursacht ähnliche Schäden wie der Große. Die Blattrollungen und -deformationen sind jedoch trotz sehr starker Kotausscheidung geringer. Erwachsene Blattflöhe überwintern vornehmlich in Rindenverstecken der Wirtsbäume und beginnen sehr zeitig (ca. März) mit der Eiablage an Zweigen und Knospen. Witterungsabhängig werden mehrere Generationen pro Jahr gebildet.

Der Gefleckte Birnblattsauger ist in seiner Biologie ähnlich der vorigen Art; er hat bisher selten in unseren Obstanlagen Schaden angerichtet.

Direkte Maßnahmen

- Stark geschädigte Triebe abschneiden und vernichten.

- Eine späte Winter- oder Austriebsbehandlung tötet einen Teil der an Stamm und Ästen überwinternden Tiere ab.
- Frühjahrsbehandlung: bei Auftreten der Larven mit für diesen Zweck genehmigten Insektiziden. Stark befallene, noch weiche Triebe können in die Spritzbrühe getaucht werden. Der Honigtau schützt die Tiere. Es ist daher günstig, Behandlungen mit hohem Druck und erhöhter Brühenaufwandmenge bzw. nach starken Regenfällen (Honigtau wird durch den Regen teilweise abgewaschen) durchzuführen. Frühzeitige Behandlungen verhindern Schäden im Sommer.
- Zur Blattsaugerbehandlung registrierte Insektizide mit entwicklungshemmender Wirkung sollten ab Beginn der Eiablage im Frühjahr ausgebracht werden (Kontrolle auf erste Eiablagen).

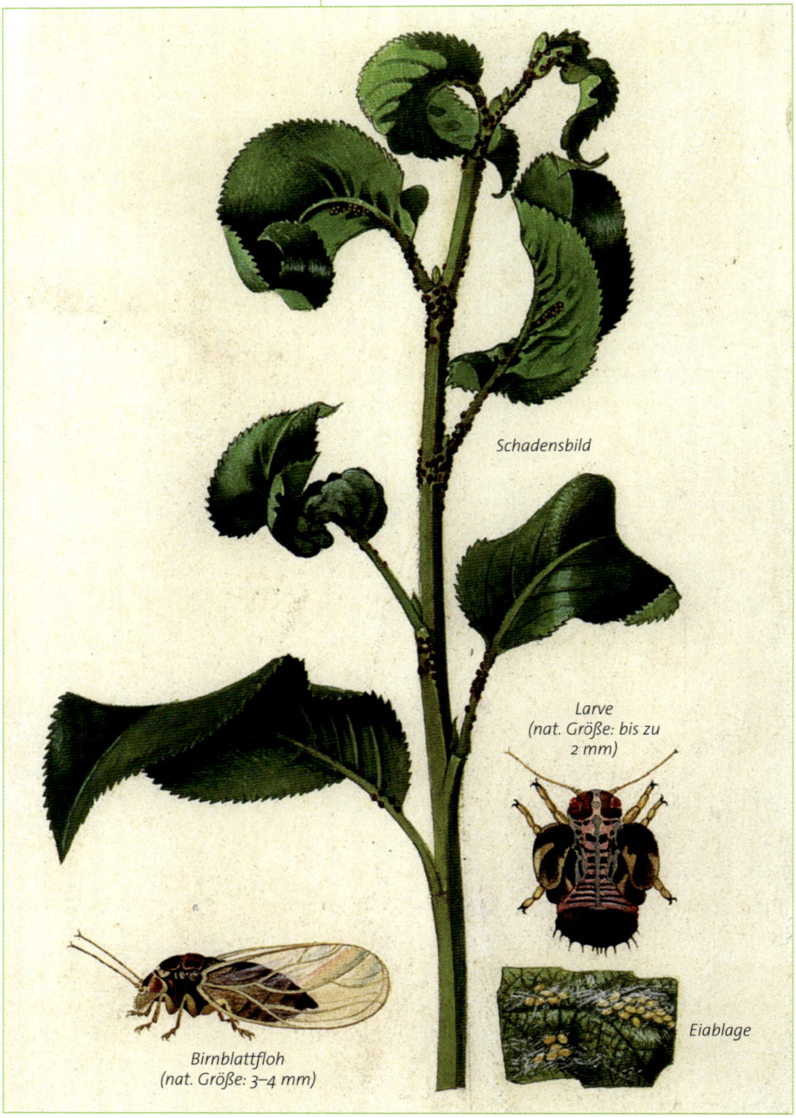

Birnentriebwespe

Janus compressus F.

Auftreten

Auf Birne, seltener auch auf Apfel

Erkennung

Im Frühsommer welken plötzlich junge Triebe von der Spitze her und werden schwarz. Unterhalb des verwelkenden Bereichs kann man spiralförmig angeordnete, feine Einstichstellen erkennen.

Bedeutung

In Baumschulen sowie bei jungen Bäumen kann das Absterben der Triebspitzen die Entwicklung des Baumes negativ beeinflussen. Bei Bäumen, die bereits im Ertrag stehen, ist das Schadbild zwar auffällig, aber ohne besondere wirtschaftliche Bedeutung.

Schädling

Im Mai fliegen die erwachsenen, etwa 6 bis 8 mm langen, schwarzen Wespen mit rötlichem Hinterleib. Die Weibchen legen spiralförmig (meist 2 Umgänge) etwa 26 Einstiche im oberen Drittel junger Triebe an. Oberhalb dieses Bereichs legt das Tier ein einziges Ei ins Mark des Triebes. Die Triebspitze verwelkt rasch und wird schwarz.

Nach gut zwei Wochen schlüpft die Blattwespenlarve, sie ist milchig weiß und ausgewachsen bis zu 10 mm lang. Sie legt von der Eiablagestelle triebabwärts einen bis zu 15 cm langen Fraßgang an, der dicht mit Kot und Nagemehl gefüllt ist. Die Larve überwintert im Fraßgang und verpuppt sich dort im nächsten Frühjahr.

Direkte Maßnahmen

- Frühzeitiges Ausschneiden der welkenden Triebspitzen wird auch bei Jungpflanzen als Bekämpfungsmaßnahme ausreichen.

Abwelkender Birnentrieb als Folge der Eiablage der Birnentriebwespe

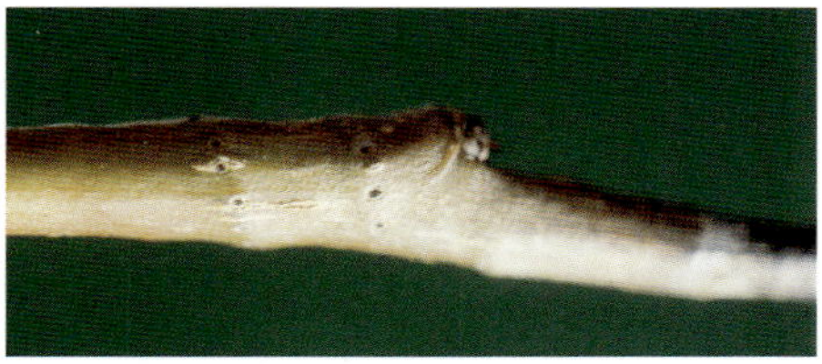

Spiralförmige Einstiche der Birnentriebwespe – Auswandern der ausgewachsenen Larven

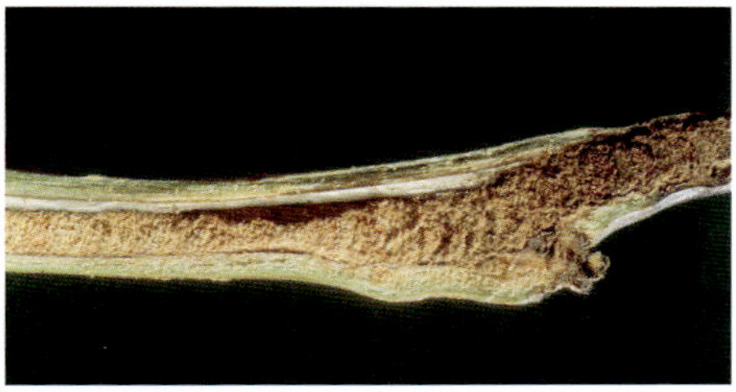

Fraßgang mit Larve – die abgewelkte Triebspitze fällt im Sommer meist ab.

Birnblattpockenmilbe

Eriophyes piri Nal.

Auftreten

Vor allem auf Birne, seltener auch auf Apfel

Erkennung

Im Frühjahr zeigen sich an der Ober- und Unterseite der Blätter pockenartige Gebilde, die zunächst grün und rötlich sind, sich aber bald schwarzbraun verfärben.

Bedeutung

In Jahren starken Auftretens, wenn ein Großteil der Blätter und der Blattflächen von Pocken bedeckt sind, leidet die Ernährung und damit die Triebbildung des Baumes; vor allem in Baumschulen häufig

Schädling

Eine mikroskopisch kleine, mit bloßem Augen nicht sichtbare (0,2 mm lang), wurmförmige Gallmilbe dringt ins Blattinnere ein und verursacht die krankhaften Wucherungen. Das von den Milben bewohnte Blattgewebe stirbt ab und die Milben verlassen die Pocke, um neue Blätter zu besiedeln.

Es gibt mehrere Generationen jährlich, die Gallmilben der letzten Brut überwintern gruppenweise zwischen Knospenschuppen. Beim Austrieb wandern sie auf die Blättchen, bilden dort eine Pocke und legen in sie mehrere Eier, aus denen bald junge Milben schlüpfen.

Direkte Maßnahmen

- Eine gezielte Bekämpfung ist nur zur Zeit des Austriebs möglich, wenn die Milben ihre Winterquartiere verlassen haben, bevor die ersten Gallen entstehen. Netzschwefelpräparate und zur Bekämpfung frei lebender Gallmilben geeignete Akarizide können eingesetzt werden.

Steinobstknospenstecher

Anthonomus bituberculatus Ths.

Auftreten

Auf Marille und Zwetschke

Erkennung und Bedeutung

Der Steinobstknospenstecher ist in Aussehen und Lebensweise dem Birnknospenstecher sehr ähnlich. Die wichtigste Wirtspflanze dieses Käfers ist die Traubenkirsche, die in vielen Mischwäldern vertreten ist. Gelegentlich wandert dieser Rüsselkäfer auf Marille oder Zwetschke über, die in der zeitlichen Blütenentwicklung etwa der Traubenkirsche entsprechen. Im Laufe einiger Saisonen kann sich lokal ein relativ hoher Befallsdruck aufbauen. Der Verlust an Knospen macht sich in der Folge in einer schütteren, luftigen Triebausstattung der Kronen bemerkbar.

Direkte Maßnahmen

- Wie beim Birnknospenstecher. Liegt lokal ein starker Befallsdruck vor, so reicht in der Regel eine gezielte Herbstbehandlung, um auch für kommende Saisonen den Neubefall zu verhindern.

Steinobstknospenstecher-Schaden auf Zwetschke – abgestorbene Knospe

Steinobstknospenstecher-Schaden auf Marille – abgestorbene Knospe

Blattläuse auf Steinobst

Grüne Pfirsichblattlaus (*Myzus persicae* Sulzer) auf Pfirsich
Schwarze Sauerkirschenblattlaus (*Myzus cerasi* Fabricius)
Schwarze Süßkirschenblattlaus (*Myzus prunavium* Börner) auf Kirsche und Weichsel
Mehlige Pflaumenblattlaus (*Hyalopterus pruni* Geoffroy) auf Pflaume, Zwetschke, Pfirsich und anderen

Bedeutung

Wie Blattläuse Kernobst

Schädling

Alle genannten Arten wandern im Laufe des Sommers von den Obstbäumen ab und besiedeln Zwischenwirte (oft Gräser oder krautige Pflanzen). Im Herbst kehren die Läuse zur Ablage der Wintereier auf die Obstbäume zurück.

Direkte Maßnahmen

- Wie Blattläuse Kernobst

Schwarze Sauerkirschenblattlaus auf Weichsel

Schadbild auf Pfirsich durch Grüne Pfirsichblattlaus

Kirschfruchtfliege

Rhagoletis cerasi L.

Auftreten

Im Juni an mittelspäten und späten Kirschensorten, auch an Vogel- und Heckenkirschen. Frühkirschen werden nicht befallen.

Erkennung

Madige Früchte zeigen in der Stielgegend eine bräunlich verfärbte Stelle. Das Fruchtfleisch um den Kern wird weich und faulig. Im Inneren befindet sich in Kernnähe eine weißliche, kopf- und beinlose, bis zu 6 mm lange Made.

Bedeutung

Wichtigster Kirschenschädling – Früchte werden unansehnlich, leicht faulig; in Befallsgebieten sind bis zu 80 % madiger Früchte nicht selten.

Schädling

Ab Mitte Mai, je nach Witterung jährlich verschieden, schlüpfen die Kirschfruchtfliegen aus den Puppen, die im Boden überwintern. Die erwachsenen Tiere sind 4 bis 5 mm lang, mit glashellen, von dunklen Bändern durchzogenen Flügeln. Auffällig ist am Rücken ein glänzendes hellgelbes Schildchen. Bevor die Fliegen Eier ablegen können, benötigen sie eine Reifungszeit, während der sie sich von den zuckerhaltigen Säften der Kirschbäume ernähren. Diese Zeit muss zur Bekämpfung des Schädlings genützt werden. Acht bis zehn Tage nach dem Schlüpfen aus dem Boden beginnt nur bei sonnigem, warmem Wetter die Eiablage. Die Eier werden einzeln unterhalb der Fruchtschale sich eben rötender Kirschen gelegt. Die Maden schlüpfen nach etwa acht Tagen, bohren sich tiefer in das Fruchtfleisch ein, verzehren und verwandeln es in eine weiche, faulige Masse. Werden die Früchte reif, sind

die Maden erwachsen, sie lassen sich zu Boden fallen und verpuppen sich etwa 3 cm tief im Boden. Die Puppen überwintern, im Mai des nächsten Jahres schlüpfen die Fliegen.

Vorbeugende Maßnahmen

- Restloses Abernten aller, auch der madigen Früchte hilft, den nächstjährigen Befall zu mindern.
- Entfernen oder Umpfropfen von Wildkirschen; in Befallsgebieten keine Heckenkirschen pflanzen!

Direkte Maßnahmen

- Gelbe Leimtafeln („Gelbtafeln") können einen Großteil der zufliegenden Kirschfruchtfliegen abfangen und den Befall deutlich vermindern. Sie müssen zu Flugbeginn in ausreichender Menge (je nach Baumgröße 2–10 Tafeln) kronenaußen- und sonnseitig ausgehängt werden. Achtung: Da auch Nützlinge gefangen werden, Tafeln nur von Flug- bis Erntebeginn verwenden!
- Gezielte Behandlung mit einem zur Kirschfruchtfliegenbekämpfung genehmigten Insektizid und Netzmittelzusatz. Der Behandlungstermin wird mit Hilfe von Gelbtafeln bestimmt und in Form von Warnmeldungen bekannt gegeben. Vom Gartenbesitzer kann er selbst bestimmt werden: beginnende Gelbfärbung mittelspäter Sorten. Wartezeiten unbedingt einhalten!

Kirschblattwespe

Caliroa cerasi L. (*Eriocampoides limacina* Retz.)

Auftreten

Auf Kirsche und Birne

Erkennung

Die Larven sehen wie Nacktschnecken aus, sie skelettieren die Blätter von der Oberseite her, sodass nur die braun werdende Haut der Unterseite und das Blattaderngeflecht übrig bleiben.

Bedeutung

Tritt in manchen Jahren vermehrt auf. Starker Befall schädigt besonders junge Bäume in Baumschulen oder in Neupflanzungen nachhaltig.

Schädling

Die Urheber des Schadens sind gelbe, bis zu 1 cm lange 20-füßige Larven, deren Körper von einem schwarzen Schleim bedeckt ist; sie gleichen kleinen Nacktschnecken.

Die Kirschblattwespe selbst ist schwarz gefärbt, 0,5 cm groß und hat glashelle Flügel. Sie fliegt etwa im Mai/Juni und legt die Eier zu dieser Zeit in das Blattgewebe ab. Nach ein bis zwei Wochen schlüpfen die Larven und befressen die Blätter; nach drei bis vier Wochen sind sie erwachsen und verpuppen sich 2 bis 5 cm tief im Boden in einem Kokon. Ende Juli/Anfang August schlüpfen die Wespen der zweiten Brut. Ihre Larven überwintern im Kokon und verpuppen sich erst im nächsten Frühjahr.

Direkte Maßnahmen

- Die Kirschblattwespe muss man nur bei starkem Auftreten bekämpfen. Wirksam sind synthetische Insektizide. Für den Erfolg ist es besonders wichtig, die Blattoberseiten gründlich zu benetzen. Wartezeiten beachten!

Pflaumenwickler

Cydia (Grapholita) funebrana Fr.

Auftreten

Ab Juni in Pflaume und Zwetschke, gelegentlich auch in Marille und Pfirsich

Erkennung

Die Früchte werden vorzeitig reif, missfarbig, aus Löchern tritt Gummi aus. Das Fruchtfleisch in der Umgebung des Kerns ist zerstört und von reichlichen Kotklümpchen durchzogen. In Kernnähe befindet sich eine rötliche, braunköpfige, spärlich behaarte 16-füßige Raupe („Pflaumenmade"). Die Früchte faulen leicht und fallen vorzeitig ab.

Bedeutung

Vorzeitiger Fruchtfall; geschädigte Früchte werden von Monilia befallen. Erhebliche Ernteeinbußen bei starkem Auftreten

Schädling

Der Falter hat eine Flügelspannweite von etwa 14 mm und ist graubraun gefärbt. Die ausgewachsenen Raupen überwintern in Ritzen sowie unter Borkenschuppen am Baumstamm und auch im Boden. Je nach Witterung setzt etwa Ende April der Flug der Falter ein. Nach der Begattung legen die Weibchen ihre uhrglasförmigen Eier einzeln auf Früchte ab. Nach einigen Tagen schlüpfen die Raupen und bohren sich in die Frucht ein. Die ausgewachsenen Raupen verlassen die Frucht und verpuppen sich in einem Kokon am Stamm oder im Boden. Im Juli setzt dann die Flugaktivität der zweiten Pflaumenwicklergeneration ein. Es treten je nach Standort bis zu drei Generationen jährlich auf, wobei die Flugaktivität der Falter unterschiedlicher Generationen überlappen kann.

Vorbeugende Maßnahmen

- Befallene Früchte regelmäßig aufsammeln und vernichten. Durch Anlegen von feinmaschigen Wellpappestreifen um

Befallene Früchte

Falter (Flügelspannweite: 14 mm)

Raupe in der Frucht

die Stämme ab Juli können viele überwinternde Raupen gefangen und vernichtet werden.

Direkte Maßnahmen

- Behandlung mit synthetischen Insektiziden. Entwicklungshemmende Präparate sind ab Beginn der Eiablage einzusetzen, Insektizide mit Wirkstoffen aus anderen Gruppen ab dem Schlüpfen der Jungraupen. Den Flug der Falter kann man lokal mit Pheromonfallen verfolgen. Um einen Behandlungstermin festzulegen, Warndienstmeldungen beachten. Bei starkem Fruchtansatz und niedrigem Befallsdruck kann man auf die Behandlung in der ersten Generation verzichten, um eine Fruchtausdünnung zu erreichen.

Pflaumensägewespe

Schwarze Pflaumensägewespe (*Hoplocampa minuta* Christ.)
Gelbe Pflaumensägewespe (*Hoplocampa flava* L.)

Auftreten

An verschiedenen Pflaumen- und Zwetschkensorten, selten auch an Marillen

Erkennung

Die bis zu 2 cm großen, noch grünen Früchte weisen runde Löcher auf, die mit feuchtem Kot verstopft sind. Im Inneren sind Fruchtfleisch und Kern zerstört, dort befindet sich meist noch eine weißgelbe, braunköpfige 20-füßige Larve mit intensivem Wanzengeruch. Die geschädigten, ausgehöhlten Früchte fallen ab und liegen in großer Zahl unter den Bäumen.

Bedeutung

Zahlreiches Auftreten kann eine völlige Vernichtung des Erntegutes zur Folge haben.

Schädling

Der Schaden wird durch die Larven zweier verwandter Sägewespenarten, nämlich der Schwarzen und der Gelben Pflaumensägewespe, verursacht. Beide sind fliegenähnlich, etwa 5 mm lang, Erstere schwarz, Letztere bernsteingelb gefärbt. Die Sägewespen fliegen zur Zeit der Zwetschkenblüte; Flugzeit und Eiablage sind witterungsabhängig. Die Eier werden in die Kelchzipfel bzw. zwischen diese abgelegt. Dafür schneiden die Weibchen mit einer am Hinterleib befindlichen Säge einen feinen Schlitz in die Oberhaut des Kelchzipfels und schieben in die so gebildete Tasche ein Ei (bis zu 70 Eier pro Weibchen). Die daraus schlüpfende Larve bohrt sich in die junge Frucht ein und frisst Fruchtfleisch und Kern. Ist eine Frucht leer gefressen, wandert die Larve in eine andere Frucht ein. Im Verlauf des Wachstums vernichtet die Larve bis zu fünf Früchte. Die geschädigten Früchte fallen vorzeitig ab. Erwachsen verlässt die Larve die Frucht und überwintert bis zu 10 cm tief im Boden in einem braunen Kokon. Erst im Frühjahr erfolgt die Verpuppung, zwei Wochen später schlüpft die Wespe.

Direkte Maßnahmen

- Weiß beleimte Flächen (z. B. „Weißtafeln") fangen Sägewespen ab. In ausreichender Anzahl im Kronenbereich gefährdeter Bäume montiert, können sie eine deutliche Verminderung des Befalls erreichen. Achtung: Da auch Nützlinge gefangen werden, Fangflächen nur während der Flugzeit der Sägewespen (ca. 1 Woche vor bis 1 Woche nach der Blüte) verwenden.
- Befallene Früchte aufsammeln und vernichten.
- Behandlung mit für diesen Zweck genehmigten Insektiziden unmittelbar nach Fall der Blütenblätter. Bei starkem Befall ist eine Wiederholung der Behandlung nach ca. acht Tagen angezeigt. Jeder Blütenkelch sollte gründlich benetzt werden, daher von der Baummitte nach außen spritzen. Netzmittelzusatz ist empfehlenswert.

Pfirsichmotte

Anarsia lineatella Zell.

Auftreten

Im Frühjahr an Trieben, später auch an Früchten von Pfirsich, Marille, seltener auch an Zwetschke und Kirsche

Erkennung

Triebspitzen welken, vertrocknen und sterben unter Braunfärbung ab; befallene Früchte weisen dunkle, eingesunkene Stellen, meist in Stielnähe, auf; vielfach kommt es zu Gummiaustritt. Das Fruchtfleisch unterhalb der Schadstelle ist zerstört.

Bedeutung

Ein gefährlicher Schädling in Pfirsichkulturen und Baumschulen (einjährige Veredlungen); bei stärkerem Befall beachtliche Trieb- und Fruchtschäden

Schädling

Der unauffällige, etwa 14 mm lange, grau gefärbte Falter entwickelt jährlich zwei Bruten. Die Jungräupchen überwintern in einem lockeren Kokon, in Zweiggabeln und Rindenverstecken. Zur Zeit des Austriebs bohrt sich die einige Zeit an den Zweigen herumwandernde Raupe in noch zarte Triebe ein, frisst im Mark abwärts und vernichtet auf diese Weise nacheinander vier bis fünf Triebe. Die auffällige schwarzköpfige, schokoladebraune, mit hellrosa gefärbten Zwischensegmentzonen versehene Raupe sieht wie geringelt aus („Zebraraupe") und wird bis zu 12 mm lang. Sie verpuppt sich zwischen zusammengefalteten Blättern. Je nach Witterungsverhältnissen schlüpfen die Falter nach etwa zehn Tagen, sie fliegen in der Dämmerung und in der Nacht und legen die Eier blattunterseits ab.

Die schlüpfenden Räupchen bohren sich teils in Triebe, teils vom Stielansatz oder von der Berührungsstelle zweier Früchte aus in die Frucht ein. Sie fressen knapp unterhalb der Fruchtschale eine Höhlung, über der Fraßstelle wird die Fruchthaut dunkel und schrumpft, Kotauswurf und Gummifluss sind erkennbar; in der Folge kommt es zu Moniliabefall. Die Verpuppung erfolgt an Fruchtstielen oder zwischen Blättern, nach etwa einer Woche fliegt im Juli/August der Falter der zweiten Brut. Eiablage an Rindenstellen, seltener an Blättern. Die daraus schlüpfenden Räupchen überdauern den Winter. In wärmeren Teilen des Pfirsichanbaugebietes ist teilweise auch der im Schadbild ähnliche Pfirsichwickler (*Grapholitha molesta* Busck) anzutreffen.

Direkte Maßnahmen

- Befallene Triebe abschneiden und vernichten, solange sie noch von der Raupe bewohnt sind. Besiedelte Früchte pflücken und sofort verwerten.
- Eine späte Austriebsbehandlung mit Austriebsspritzmitteln tötet einen hohen Anteil der überwinternden Raupen.
- Während der Vegetationszeit gezielte Behandlungen mit für diesen Bekämpfungszweck genehmigten Insektiziden. Die genauen Behandlungstermine während der Flughöhepunkte beider Faltergenerationen können durch Flugbeobachtung mittels Pheromonfallen ermittelt werden.

Schädlinge im Detail: Beerenobst

Blattläuse auf Beerenobst

Bedeutung

Schädlich vor allem durch die Übertragung von Viruskrankheiten. In Befallslagen ist es daher notwendig, die Pflanzen von Blattläusen freizuhalten.

Schädling

An Erdbeere treten die **Knotenhaarlaus** *(Chaetosiphon fragaefolii)* sowie die **Schalottenlaus** *(Myzus ascalonicus)* auf. Letztere verursacht auch Verdrehungen und Kräuselungen von Stängeln und Blättern.

Himbeeren werden von der **Kleinen Himbeerblattlaus** *(Aphis idaei)* und der **Großen Himbeerblattlaus** *(Amphorophora idaei)* befallen, gegen die resistente Himbeersorten angebaut werden können.

Bei Brombeeren kann ein Befall mit **Hellgrüner Brombeerblattlaus** *(Sitobion fragariae)* durch starke Blattdeformationen den Ertrag vermindern.

An Stachelbeeren treten die **Kleine Stachelbeerblatttrieblaus** *(Aphis grossulariae)* und die **Bleiche Stachelbeerblattlaus** *(Hyperomyzus pallidus)* auf. Erstere führt zu Verdrehungen der Triebspitzen und zur Büschelbildung deformierter Blätter, während die zweitgenannte Art Blattwölbungen und -vergilbungen verursacht.

Bei Johannisbeere sind die **Kleine** und die **Große Johannisbeerblattlaus** *(Aphis schneideri; Nasonovia ribisnigri)* als Virusüberträger bekannt.

Das Triebwachstum hemmen kann ein Befall mit der grünlichen **Gänsedistellaus** *(Hyperomyzus lactucae)*.

Die **Johannisbeerblasenlaus** *(Cryptomyzus ribis)* verursacht auffällige rotgelbe, blasig aufgewölbte Blattdeformationen. Blattunterseits findet man im Frühjahr blassgrüne Läuse, die im Frühsommer auf den Sommerwirt (Ziest) abwandern und im Herbst zur Eiablage auf die Johannisbeere zurückkehren.

Schadbild Johannisbeerblasenlaus

Johannisbeer(knospen)gallmilbe

Cecidophyopsis ribis West.

Auftreten

Gallig aufgetriebene Knospen, „Rundknospen“, während der Vegetationsruhe; vor allem an Schwarzen Johannisbeeren, seltener an roten und weißen Sorten

Erkennung

Befallene Knospen schwellen stark kugelig an und werden zu den so genannten Rundknospen; sie treiben im Frühjahr nicht aus, sondern vertrocknen langsam und fallen schließlich ab. Bei schwachem Befall kann es zu kümmerlichem Austrieb kommen, der bald vertrocknet.

Bedeutung

Starker Gallmilbenbefall führt in der Regel zu Missernten. Die Lebenskraft der Stöcke wird stark geschwächt und die Kulturen sind schnell erschöpft. Die Gallmilbe ist außerdem Überträger der „Brennnesselblättrigkeit“.

Schädling

Die Rundknospen sind Gallen, in deren Inneren zahlreiche Milben leben (bis zu 30 000 Individuen). Ihr Saugreiz regt die Pflanze an, Gallen zu bilden. Die weißlich gefärbte Milbe ist mikroskopisch klein (0,2 mm lang), spindelförmig und mit zwei Beinpaaren ausgestattet. Die Milben überwintern in verschiedenen Entwicklungsstadien (vorzugsweise als erwachsene Tiere) in den Knospen und beginnen im März (Öffnen der Rundknospen) auszuwandern. Sie kriechen auf den Pflanzen herum, suchen vor allem Blattachseln und Vegetationspunkte auf und dringen, sobald die neuen Knospen gebildet werden, in diese ein. In der neuen „Wohnstätte“ setzt ab August die Vermehrung ein, die bis November zunimmt. Ihr folgt eine zweite, stärkere Vermehrungszeit im Februar/März.

Haben die Milben die Knospen verlassen, werden sie von Wind, Vögeln und Insekten verbreitet. Die Milben wandern auch selbstständig von befallenen Sträuchern auf gesunde.

Direkte Maßnahmen

- Rundknospen auspflücken, stark befallene Strauchteile und ganze Sträucher herausnehmen, bevor die Milben abwandern.
- Zwei- bis dreimalige Behandlung während der Hauptwanderzeit der Gallmilbe mit einem für diesen Zweck genehmigten, bienenverträglichen Insektizid mit Netzmittelzusatz: 1. Behandlung: 8 bis 10 Tage nach Öffnen der Rundknospen, 2. Behandlung: bei Vollblüte (Hauptwanderzeit), 3. Behandlung: wenn die ersten Beeren sichtbar werden. Bei schwächerem Befall können die ersten beiden Behandlungen ausreichen. Alle Strauchteile gründlich benetzen. Wartefristen beachten!

Johannisbeerblattgallmücke

Dasyneura (Perrisia) tetensi Rübs.

Auftreten

An Schwarzer Johannisbeere, Ende April/ Anfang Mai

Erkennung

Befallene Sträucher zeigen zunächst eingerollte Triebspitzen, die zu wachsen aufhören, sich stark kräuseln, braun werden und schließlich absterben. Innerhalb der geschädigten Blätter findet man mehrere weiß bis gelblich gefärbte Maden.

Bedeutung

Stärkerer Befall verursacht beachtliche Trieb- und Wachstumsschäden, mehrjähriges Auftreten hat Ernteverluste zur Folge.

Schädling

Die Gallmücke hat sich innerhalb der letzten Jahre in manchen Lagen (kühl, feucht) zu einem bedeutenden Schädling in Kulturen Schwarzer Johannisbeeren entwickelt. Sie bildet jährlich bis zu drei Bruten aus und fliegt, je nach Witterungsverhältnissen, ab Ende April bis Ende August; die Generationen überschneiden sich.

Vor allem an den Triebspitzenblättern werden Eier abgelegt, aus denen sich kopf- und fußlose Maden entwickeln. Sie sind zunächst weiß, später gelblich, man findet sie in großer Zahl in den eingerollten Blättern.

Sie verpuppen sich, wenn sie 2 bis 3 mm lang sind, nach der Puppenruhe schlüpfen die Mücken der nächsten Generation. Die Überwinterung erfolgt als Puppe im Boden.

Direkte Maßnahmen

- Bei schwachem Auftreten die noch von den Larven bewohnten Blätter pflücken und vernichten.
- Wiederholte termingemäße chemische Behandlungen, beginnend sofort nach dem Abblühen, mit einem für diesen

Zweck genehmigten Insektizid; Netzmittelzusatz empfehlenswert. Zur Festlegung der Spritztermine sind Flugbeobachtungen innerhalb des Befallgebiets sinnvoll. Triebspitzen und auch innere Strauchteile gut benetzen!

Johannisbeerglasflügler

Synanthedon (Aegeria) tipuliformis Cl.

Auftreten

An 1- bis 4-jährigen Trieben von Johannisbeeren, seltener Stachelbeeren

Erkennung

Welkende oder absterbende Triebe sind im Inneren von einem schwarzen Gang durchzogen, in dem sich eine weißliche Raupe oder Puppe befinden kann. Aus einer Gangöffnung nach außen dringt schwarzbrauner Kot. Befallene Triebe brechen leicht.

Bedeutung

Mehrjähriger Befall kann zu starken Ertragseinbußen führen.

Schädling

Der Falter hat seinen Namen wegen der glasartig durchscheinenden Flügel von ca. 15 bis 20 mm Spannweite. Er erscheint im Mai und legt bis zu 70 Eier, meist einzeln in Rindenritzen, besonders in Knospennähe. Nach

Puppenhülle des aus dem Ausbohrloch geschlüpften Johannisbeerglasflüglers

7 bis 14 Tagen schlüpfen Räupchen, bohren sich in den Trieb und höhlen ihn in Längsrichtung aus. Die voll entwickelte Raupe überwintert im Gang. Gegen Ende April des Folgejahres findet die Verpuppung statt.

Direkte Maßnahmen

- Kränkelnde, befallsverdächtige (Biegeprobe) Triebe zurückschneiden und vernichten.
- Gezielte Behandlung gegen die schlüpfenden Räupchen in der ersten Junihälfte mit einem geeigneten Kontaktinsektizid. Behandlungswiederholung nach ca. 14 Tagen. Wartefristen beachten!

Adulter Johannisbeerglasflügler und Fraßgang mit Raupe

Brombeergallmilbe

Acalitus essigi Hassan

Auftreten

Zur Zeit der Fruchtreife bleiben befallene Früchte teilweise oder ganz rot, sauer und hart. An den Ansatzstellen der Teilfrüchte sind kleine Gallmilben sichtbar.

Bedeutung

Kann bis zu 50 % Ertragsausfälle verursachen.

Schädling

Die 0,15 mm lange und 0,03 mm breite Gallmilbe entwickelt mehrere Generationen im Jahr. Ende September suchen die erwachsenen Tiere die Winterquartiere, wie z. B. Knospenschuppen oder Stängelteile, auf. Im Frühjahr befallen sie schon die Blüten und in weiterer Folge die Früchte, an denen sie die beschriebenen Saugschäden verursachen.

Vorbeugende Maßnahmen

- Die Brombeerranken im Winter möglichst tief zurückschneiden, befallene Früchte entfernen.

Direkte Maßnahmen

- Eine Vorblüte- sowie eine Blütebehandlung mit hierfür genehmigten Präparaten ist wirkungsvoll.

Schadbild an den Früchten

Schadbild an den Blättern

Himbeerkäfer

Byturus tomentosus de Geer.

Auftreten

Ab April die erwachsenen Käfer, ab Juni die Larven in den Himbeerfrüchten

Erkennung

An Blütenknospen und jungen Blättern werden Fraßschäden sichtbar. Später findet man in den reifen Früchten gelbliche Käferlarven mit verhornten braunen Rückenplatten.

Bedeutung

Gilt als bedeutender Schädling.

Schädling

Die 4 bis 5 mm großen, graubraunen, dicht behaarten Käfer führen im Frühjahr an Blatt- und Blütenknospen sowie Blüten den Reifungsfraß durch und legen ab Juni an die Staubgefäße der Blüten je ein Ei ab. Nach zwei Wochen schlüpfen die Larven.

Sieben bis acht Wochen später verlassen sie die Früchte und verpuppen sich im Boden. Nach weiteren sechs Wochen haben sich daraus erwachsene Käfer entwickelt, sie überwintern im Boden.

Direkte Maßnahmen

- Zur Ermittlung des Flugzeitraumes kann man Weißtafeln einsetzen.
- Eine Vorblütebehandlung mit geeigneten Präparaten gegen beißende Insekten ist möglich. Während der Blüte können nur Bienen schonende Mittel eingesetzt werden.

Himbeerkäferlarve

Himbeergallmücke

Lasioptera rubi Heeg.

Auftreten

Im Frühjahr ab Mai

Erkennung

An den Jungruten werden einseitig kugelige Gallen sichtbar. Im Inneren befinden sich im April/Mai orangerote Gallmückenlarven. Die Triebe sterben oberhalb der Gallen ab.

Gallenbildung an Rute

Bedeutung

Verluste bis zu 90 % der Ruten möglich

Schädling

Die ca. 2 mm große Himbeergallmücke legt im Frühjahr etwa 15 Eier an die Ruten ab. Die nachfolgend schlüpfenden Larven verursachen durch ihre Fraßtätigkeit die einseitige Gallenbildung. Nach der Überwinterung bleiben sie bis zum nächsten April innerhalb der Gallen, dann folgt das drei Wochen dauernde Puppenstadium, bis die erwachsenen Mücken die Gallen verlassen.

Vorbeugende Maßnahmen

- Wildpflanzen der Gattung *Rubus* (wilde Brombeeren oder Himbeeren) sollten beseitigt werden.

Direkte Maßnahmen

- Alle befallenen Triebe restlos entfernen.
- Eine Frühjahrsbehandlung mit geeigneten Insektiziden ist möglich.

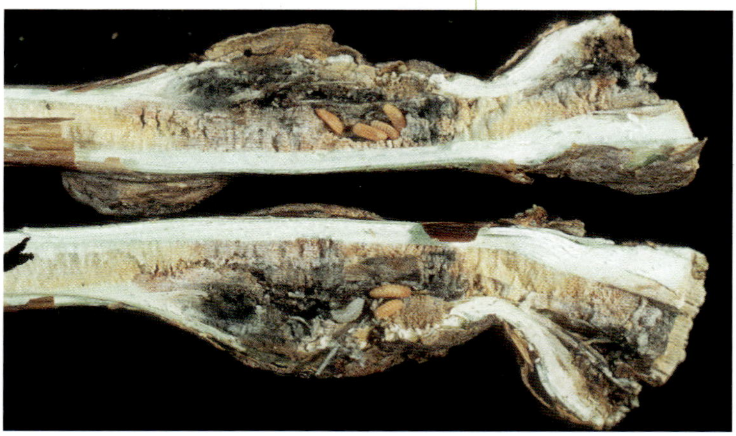

Himbeergallmücken-Larven

Himbeerrutengallmücke

Ressiella theobaldi Bar.

Auftreten

Im Frühjahr ab Mai an den einjährigen Ruten

Erkennung

An einjährigen Trieben fallen braunviolette, eingesunkene Flecken auf, die sich teilweise vergrößern oder an denen die Rinde aufplatzt.

Bedeutung

Bedeutendster Himbeerschädling – Ertragsausfälle bis zu 90%. Befall mit Himbeerrutengallmücke bietet Angriffspunkte für die Himbeerrutenkrankheit.

Schädling

Die erwachsene Himbeerrutengallmücke schlüpft ab ca. 13°C Bodentemperatur (ca. im Mai). Sie legt in Rindenrissen einjähriger Ruten bis in 40 cm Höhe etwa 60 Eier ab. Unterhalb der abgehobenen Rinde entwickeln sich orangerote, 2 bis 3 mm große Larven, die an den Ruten Fraßschäden verursachen. Diese Schäden werden zur Eintrittspforte für zwei pilzliche Erreger (*Didymella applanata* und *Leptosphaeria coniothrium*), die letztlich zum Absterben der Ruten führen können.

Das Larvenstadium dauert zwei bis drei Wochen. Die Larven wandern in den Boden und verpuppen sich dort. Nach drei Wochen schlüpfen erwachsene Gallmücken. Es treten bis zu drei Generationen pro Jahr auf, die letzte überwintert.

Vorbeugende Maßnahmen

- Durch ausgewogene Kulturmaßnahmen kann man verhindern, dass sich an einjährigen Ruten Risse bilden: Ruten rechtzeitig auslichten, mechanische Verletzungen vermeiden, von Unkraut freihalten und eventuell eine Bodenabdeckung aufbringen.

Direkte Maßnahmen

- Sind die Ruten 20 bis 25 cm hoch, kann man mit einem geeigneten Präparat gegen die erste (wichtigste) Generation der Gallmücken vorgehen.

Larve der Himbeerrutengallmücke

Erdbeermilbe

Steneotarsonemus pallidus B.

Auftreten

Nesterweise ab April, sichtbar besonders nach der Ernte im August

Erkennung

Die Pflanzen wachsen gestaucht. Die Herzblätter kräuseln sich stark, werden braun und vertrocknen. Ausläuferbildung und Ertrag sind stark reduziert.

Bedeutung

Kann bei hoher relativer Luftfeuchtigkeit und hohen Temperaturen zu schweren Ertragsverlusten bis zum Umbruch einer Anlage führen.

Schädling

Die weißgelben Weichhautmilben sind mit freiem Auge kaum erkennbar (0,2–0,3 mm lang). Sie haben vier Beinpaare; charakteristisch ist das letzte Beinpaar des Weibchens, das sehr lang und dünn ist und in einer langen Borste endet. Die erwachsenen Weibchen überwintern gut versteckt in den zusammengefalteten Blättern oder am Grund der Blattstiele. Sie verlassen im April das Winterquartier, suchen die inneren Blätter auf und legen dort die Eier in großer Zahl ab. Schon nach wenigen Tagen schlüpfen die sechsbeinigen Larven, in 10 bis 14 Tagen entwickeln sie sich zu erwachsenen Milben. Pro Jahr entstehen fünf bis sieben Generationen, die sich überschneiden. Die Verbreitung des Schädlings wird durch befallenes Pflanzgut, aber auch durch zu häufiges Anbauen von Erdbeeren am selben Standort gefördert.

Vorbeugende Maßnahmen

- Neuanlagen nur mit milbenfreien Setzlingen bepflanzen.

Direkte Maßnahmen

- Chemische Bekämpfung: Vorblüte- oder Nacherntebehandlungen 2-mal mit 10- bis 14-tägigem Abstand mit genehmigten Akariziden. Dabei sollten die Pflanzen besonders an den Herzblättern gut benetzt werden; hoher Brüheaufwand erforderlich

Erdbeerblütenstecher

Anthonomus rubi Hbst.

Auftreten

Im Frühjahr an Erdbeere, Himbeere und Brombeere; nesterweises Auftreten

Erkennung

Einzelne Blütenstiele sind angenagt oder durchgebissen. Die Blütenknospen oberhalb der Schadstelle vertrocknen und fallen zu Boden. Sind ganze Blütenstandstiele geschädigt, handelt es sich um den Erdbeerstängelstecher, *Coenorhinus germanicus*.

Bedeutung

Sortenbedingte Ertragsausfälle sind bis zu 80% möglich, besonders in Junganlagen gefährlich.

Schädling

Der Erdbeerblütenstecher ist ein ca. 3 bis 4 mm großer, schwarzgrau gefärbter Rüsselkäfer und überwintert als Käfer im Boden oder im Laub.

Im Frühjahr ab Bodentemperaturen von 10 bis 14 °C erscheinen die Käfer, die sich von Blütenblättern der Erdbeere und verschiedenen Ruderalpflanzen ernähren.

Die Weibchen bohren mit dem Rüssel ein Loch in die Blütenknospe, in das sie je ein Ei ablegen. Der Käfer nagt anschließend den Knospenstiel an, dessen oberer Teil umknickt und vertrocknet, sodass die Knospe zu Boden fällt. Nach sechs bis acht Tagen schlüpfen aus den Eiern gelblich weiße, beinlose, braunköpfige Larven (bis zu 4 mm groß), die sich in der Knospe weiterent-

Schaden an Blütenstielen bzw. Knospen

Ei und Larve

Puppe

Erwachsener Erdbeerblütenstecher

wickeln und nach sieben bis zehn Tagen verpuppen. Das Puppenstadium dauert ca. zwei bis vier Wochen.

Im Juni/Juli erscheint der Jungkäfer, der unerheblichen Fraßschaden an den Blättern verursacht und im August das Winterversteck bezieht.

Direkte Maßnahmen

- Als Schadschwelle gilt das erste Auftreten geknickter Blütenstängel.
- Am Boden liegende oder zerstörte Blütenknospen sammeln und vernichten!
- Behandlung der Pflanzen mit für diesen Zweck anerkannten Insektiziden sofort nach Erreichen der Schadschwelle.

Dickmaulrüssler

Otiorrhynchus sp.
z.B. Gefurchter Dickmaulrüssler (*Otiorrhynchus sulcatus* F.)
Erdbeerwurzelrüssler (*Otiorrhynchus ovatus* L.)

Auftreten

Adulte Käfer ab Ende Mai bis nach der Ernte, besonders in mehrjährigen Erdbeeranlagen sowie an Himbeere, Brombeere, Johannisbeere, Baumschulware. An den Blättern buchtenförmiger Blattrandfraß

Erkennung

Zur Zeit der Fruchtausbildung und knapp vor der Ernte fallen kümmernde, verwelkende Erdbeerpflanzen auf. Bei Baumschulware können im Frühjahr bis Frühsommer Welke- und Absterbeerscheinungen beobachtet werden.

Im Frühjahr und im Herbst findet man in der Erde des Wurzelbereiches und in den Rhizomen fußlose, elfenbeinfarbige Larven mit bräunlichem Kopf (bis zu 1 cm groß). Die Blätter weisen den typischen Buchtenfraß auf. Bei Baumschulware sind Knospen und Triebspitzen angefressen. Ein sehr ähnliches oberirdisches Fraßbild kann durch *Phyllobius*-Arten hervorgerufen werden.

Dickmaulrüssler-Larve

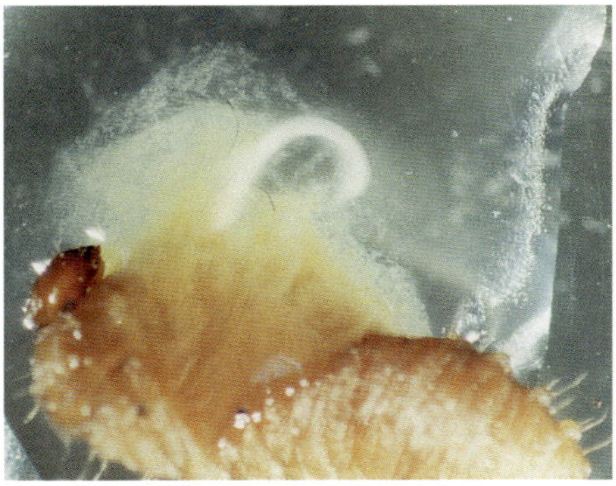

O. sulcatus mit Heterorhabditis sp.

Bedeutung

Kann zu totalem Ertragsverlust und zum Umbruch einer Anlage führen.

Schädling

Je nach Art treten die Käfer ab April bis Ende Mai auf und verursachen einen meist unerheblichen Blattfraß an den Erdbeeren. Bei Strauchbeerenobst und Baumschulware können empfindliche Verletzungen an Knospen und Triebspitzen verursacht werden.

Ab Juni bis zum Spätsommer werden mehrere hundert Eier in Wurzelnähe abgelegt, aus denen nach 14 Tagen die Larven schlüpfen.

Ab Herbst findet man Larven in der Erde des Wurzelbereichs oder in den Rhizomen selbst. Die Larven verursachen den Hauptschaden, indem sie die Wurzeln anfressen und zerstören.

Nach der Überwinterung findet im nächsten Frühjahr die Verpuppung statt, anschließend die Entwicklung zum erwachsenen Käfer. Neben diesem einjährigen Entwicklungszyklus treten bei manchen Dickmaulrüsslerarten auch zweijährige Entwicklungszyklen auf, weshalb man häufig mehrere Entwicklungsstadien dieser Wurzelschädlinge nebeneinander findet.

Vorbeugende Maßnahmen

- Nur befallsfreies Pflanzgut anbauen (Achtung, importierte Baumschulware!).

Direkte Maßnahmen

- Sehr stark befallene Anlagen sollten umgebrochen werden. Mehrjährige Erdbeerkulturen oder die mehrmalige Auspflanzung von Erdbeerkulturen hintereinander auf derselben Fläche vermeiden!
- Die Bekämpfung erwachsener Käfer ist wegen des lange dauernden Schlüpfens aus der Puppe sowie wegen der versteckten Lebensweise der nachtaktiven Käfer schwierig. Eine optimale Bekämpfung richtet sich gegen die Larven. Behandlungen können bei einem einjährigen Entwicklungszyklus im Freiland im Frühling (Mitte April bis Ende Mai) oder im Herbst (September bis Mitte Oktober) erfolgen.
- Für eine sehr wirksame biologische Bekämpfung bieten sich insektenpathogene Nematoden an (siehe Internet: www.ages.at).

Puppe von Dickmaulrüssler

Erwachsener Dickmaulrüssler

Holunder-Gallmilbe

Epitrimerus trilobus NAL.

Auftreten

An Holunder

Erkennung

Eingerollte, gekräuselte Blätter; zum Teil auch rötlich verfärbte Blätter; Deformation der Triebspitzenblätter

Bedeutung

Üblicherweise keine Bedeutung; bei Trockenheit zunehmendes Auftreten

Schädling

Die Holunder-Gallmilben sind mikroskopisch kleine Tiere mit hellorangefarbenem, wurm- bis spindelförmigem Körper, die mit freiem Auge nicht zu erkennen sind. Sie sind ab Anfang Mai (vor der Blüte) und auch in den Monaten danach festzustellen, besonders bei trockener Witterung.

Die Tiere halten sich meist an den jungen, sonnigen, hohen Spitzen (Enden) der Triebe auf und saugen den Pflanzensaft. Durch diese Saugtätigkeit der Gallmilben sind die Fiederränder der Spitzenblätter eines Triebes nach oben eingerollt und gekräuselt. In diesen „Rollen" befinden sich die Gallmilben.

Bei starkem Befall kann das gesamte Blatt eingerollt und auch rötlich verfärbt sein. Dieses Schadbild ist eindeutig zu erkennen.

Höhepunkt des Auftretens ist im Mai und Juni, im Juli vertrocknet die Mehrheit der befallenen Blätter. Die Gallmilben verlassen diese Blätter und wandern zu den Blattknospen, wo sie dann auch überwintern und bis zum Frühjahr des nächsten Jahres versteckt bleiben. Mit dem Aufbrechen der Knospen wandern sie dann zu den jungen Blättern und beginnen zu saugen.

Direkte Maßnahmen:

- Befallene Triebe entfernen.
- Falls doch ein stärkerer Befall vorhanden sein sollte, sind Netzschwefelbehandlungen ausreichend wirksam.

Schadbild durch Gallmilbenbefall

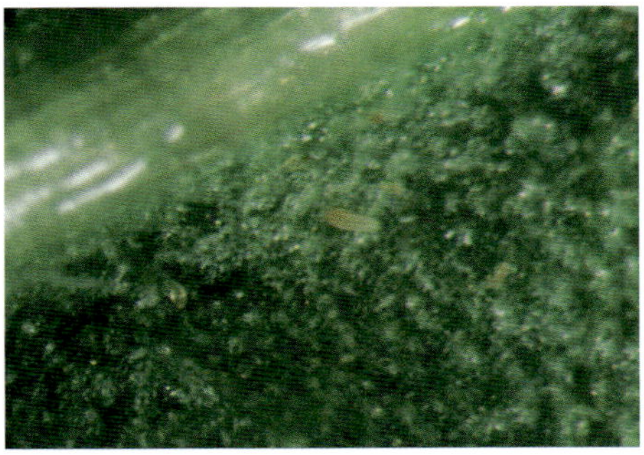

Holunder-Gallmilbe auf Blatt

Holunderblattlaus

Aphis sambuci L.

Auftreten

An Holunder

Erkennung

Vor allem an jungen Trieben Kolonien mit schwarzen Blattläusen

Bedeutung

Bei starkem Befall Blattdeformationen; selten Schaden von großer Bedeutung

Schädling

Der Hauptwirt (Primärwirt) der Holunderblattlaus sind verschiedene *Sambucus*-Arten wie der Holunder. Diese schwarzen Blattläuse treten im Frühling je nach Wetter von Anfang bis Ende Mai, aber auch noch später in den Sommermonaten auf, besonders in windgeschützten Holunderanlagen. Sie bilden hauptsächlich an den jungen Trieben ihre Kolonien, manchmal kann es bei günstigen Bedingungen zu Massenvermehrungen kommen. Bei starkem Befall entstehen durch ihre Saugtätigkeit schwere Blattdeformationen.

Die Holunderblattlaus gehört zu den wirtswechselnden Arten und wandert zu den Wurzeln (und anderen Teilen nahe dem Boden) einiger krautiger Pflanzen, die als Nebenwirt (Sekundärwirt) dienen. Ampferarten (wie *Rumex obtusifolius* und *R. crispus*), verschiedene Vertreter (Gattungen) der Nelkengewächse (z. B. *Dianthus, Silene, Melandrium*), Hirtentäschelkraut, Nachtkerzen (*Oenothera* sp.) und Steinbrech-Arten werden als Nebenwirte erwähnt. Die geflügelten, lebend gebärenden Weibchen fliegen im Spätsommer und Herbst zum Holunder zurück, wo sie lebend gebärende Nachkommen und Geschlechtstiere erzeugen und sekundäre Kolonien an Holunder entstehen können; Überwinterung der Wintereier

Vorbeugende Maßnahmen

- Laufende Kontrollen der Triebe, besonders im Frühjahr, sind wichtig, um einem möglichen Massenauftreten rechtzeitig entgegenzuwirken.

Direkte Maßnahmen

- Falls größere Blattlauskolonien festgestellt werden, sind meistens ein bis zwei gezielte Behandlungen der betroffenen Holunderbäume mit Insektiziden gegen Blattläuse oder gegen saugende Insekten ausreichend.
- Auch viele natürliche Feinde, wie Marienkäfer, Florfliegen, Schwebfliegen und Schlupfwespen, tragen zu einer Reduktion der Blattlausanzahl bei.

Blattlausbefall auf Holunder

Holunderblattlaus-Kolonie

Literaturverzeichnis

ALFORD, V. A. (1987) – „Farbatlas der Obstbauschädlinge", F. Enke Verlag, Stuttgart

„Besseres Obst", monatliche Fachzeitschrift für Qualitätsobstbau und Obstverwertung, Österr. Agrarverlag

BÖRNER, H. (1983) – „Pflanzenkrankheiten und Pflanzenschutz", Eugen Ulmer GmbH & Co, Stuttgart

BOSTTANIN, N. J., WILSON, L. T. DENNEHY, T. J. (1990) – „Monitoring and Integrated Mangement of Arthropod Pests of Small Fruit Crops", Intercept Limited

BRUNNER, J. F., HOWITT, A. J., LIEBHERR, J., OLSEN, L. (1981) – „Tree Fruit Insects", Cooperative Extension Service Michigan State University

CARTER, D. J., HARGEAVES (1986) – „Raupen und Schmetterlinge Europas und ihre Futterpflanzen", Paul Parey Verlag

CHINERY, M. (1987) – „Pareys Buch der Insekten", Verlag Paul Parey

DICKLER, E. (1989) – Vergleichsbetriebe für den integrierten Pflanzenschutz im Obstbau", Mitteilungen d. Biol. Bundesanstalt f. Land- und Forstwirtschaft Berlin-Dahlem, Heft 252

ESCHERICH, W. (1995) – „Gehölze im Winter", Gustav Fischer Verlag, Stuttgart

FRANKENHUYZEN, A. van (1988) – „Schadelijke en nuttige insekten en mijten in fruitgewassen", Nederlandse Fruittelers Organisatie

FREIER, B., GOTTWALD, R., BAUFELD, P., KARG, W., STEPHAN, S. (1992) – „Integrierter Pflanzenschutz im Apfelanbau – ein Leitfaden", Mitteilungen d. Biol. Bundesanstalt für Land- und Forstwirtschaft Berlin-Dahlem, Heft 278

FRIEDRICH, G. (Hrsg.) (1987) – „Pflanzenschutz in der Obstproduktion", 2. Aufl., VEB Deutscher Landwirtschaftsverlag

HEIE, O. (1986) – „The Aphidoidea (Hemiptera) of Fennoscandia and Denmark. III.", Fauna Entomologica Scandinavica 17, 314 pp.

HEINZE, K. (1978) – „Leitfaden der Schädlingsbekämpfung", Band II: Schädlinge und Krankheiten im Obst- und Weinbau. Wissenschaftliche Verlagsgesellschaft mbH.

HEITEFUSS, R. (1975) – „Pflanzenschutz – Grundlagen der praktischen Phytomedizin", G. Thieme Verlag, Stuttgart

HENSELER, K. (1986) – „Der Pflanzendoktor für den Hausgarten", BLV Verlagsgesellschaft, München – Wien – Zürich

HÖBAUS, E., BLÜMEL, S., FISCHER-COLBRIE, P. (1992) – „Nützlinge: Helfer im zeitgemäßen Pflanzenschutz", Jugend & Volk, Wien, 3. Auflage

HÖHN, H., RÜEGG, J., STÄUBLI, A., BOLAY., A. (1990) – „Schaderreger im Obstbau – Serie farbiger Merkblätter", Schweiz. Zentrale für Obstbau Oeschberg (Hrsg.)

JACOBS, W., RENNER, M. (1988) – „Biologie und Ökologie der Insekten – ein Taschenlexikon", Gustav Fischer Verlag, Stuttgart

KECK, M. (1999) – „Der Feuerbrand gefährdet Obst- und Ziergehölze". Beratungsschrift des Bundesamtes u. Forschungszentrums für Landwirtschaft

KEIFER, H. u.a. (1982) – „An Illustrated Guide to Plant Abnormalities Causes by Eriophyid Mites in North America", US Dep. Of Agriculture

KÖNEMANN, E. (1977) – „Biologischer Obstbau und Beerenanbau", Universitäts-Verlagsbuchhandlung Wilhelm Braumüller, Wien

KOTTE, W. (1958) – „Krankheiten und Schädlinge im Obstbau und ihre Bekämpfung", Paul Parey Verlag, Berlin und Hamburg

KRAMER, S. (Hrsg.) (1981) – „Obstproduktion", VEB Deutscher Landwirtschaftsverlag

MATTEDI, L., VARNER, M., FORTI, D. (1989) – „Natura e Agricultura", Il Comitato Scientifico del Centro di Studi Rotaliani Mezzacorona

MÜLLER, R., GOTTWALD, H. (1988) – „Empfehlungen zur Überwachung und Bekämpfung von Schaderregern im Strauchbeerenobst", Institut für Pflanzenschutzforschung Kleinmachnow

OBERHOFER, H. (1979) – „Krankheiten und Schädlinge im Obst- und Weinbau", Südtiroler Beratungsring für Obst- und Weinbau

OILB (1975) – „Die Klopfmethode", Heft Nr. 4, 1. Auflage

OILB (1992) – „Visuelle Kontrollen im Apfelanbau", 4. Auflage

POLESNY, F., HÖBAUS. E., BLÜMEL, S. (1990) – Schädlinge und Nützlinge – Praxisbuch Obstbau", Leopold Stocker Verlag, Graz

PONTI, I., POLLINI, A., LAFFI, F. (1991) – „Avversita & Difesa, Pero", Edizione L'Informatore Agrario

PROBST, G. (1988) – „Biologischer Pflanzenschutz", Pietsch Verlag, Stuttgart

SCHLIESSKE, J. (1996) – „Gallmilben an Obstgewächsen. 5. Band", Verlag Eugen Ulmer, 237–240

SCHMID, O., HENGGELER (1979) – „Biologischer Pflanzenschutz im Garten", Verlag Wirz, Aarau

SPAAR, D., KLEINHEMPEL, H., FRITZSCHE, R. (1989) – „Diagnose von Krankheiten und Beschädigungen an Kulturpflanzen – Kernobst", Springer Verlag, Berlin – Heidelberg – New York – London – Paris – Tokyo

SPAAR, D., KLEINHEMPEL, H., FRITZSCHE, R. (1990) – „Diagnose von Krankheiten und Beschädigungen an Kulturpflanzen – Stein- und Schalenobst", DLV

STEINER, H., BAGGIOLINI, M. (1988) – „Anleitung zum integrierten Pflanzenschutz im Apfelanbau", 2. Aufl., bearbeitet von GALLI, P. und NEUFFER, G., Landesanstalt für Pflanzenschutz, Stuttgart

VANECKOVA-SKUHRAVÁ, I. (1996) – „Life cycles of five eriophyid mites species (Eriophyoidea, Acari) developing on trees and shrubs", J. Appl. Ent. 120, 513–517

VUKOVITS, G. (1980) – „Obstkrankheiten, Erkennung, Ursachen und Bekämpfung", 4 Bde., Leopold Stocker Verlag, Graz und Stuttgart

VUKOVITS, G. (1992) – „Die wichtigsten Obstkrankheiten – Praxisbuch Obstbau, Pflanzenschutz", Leopold Stocker Verlag, Graz

WETZEL, T. (1984) – „Pflanzenschädlinge – Bekämpfung, Probleme, Lösungen", Schönbrunn-Verlag, Wien

ZANGERI, S. u. a. (1992) – „Lepidopteri dei fruittiferi e della vite", Edizione L'Informatore Agrario

Zeitschriften des Instituts für Pflanzengesundheit „Pflanzenberichte", wissenschaftliches Publikationsorgan des Instituts für Pflanzengesundheit, 2-mal jährlich

Index

S

T

U

V

W

X

Z

Bildnachweis

Umschlagbilder: Gartenfoto – A. Thinschmidt und D. Böswirth
Wolfgang Redeleit: Seite 1, 5, 40 (WH), 43
Graphikdesign Smitty Brandner: Seite 4, 39, 132
Gartenfoto – A. Thinschmidt und D. Böswirth: Seite 10, 36, 41, 128
Alle anderen Bilder: AGES (Österreichische Agentur für Gesundheit und Ernährungssicherheit GmbH), Institut für Pflanzengesundheit

Impressum

Sturzgasse 1a, A-1141 Wien, E-Mail: buch@avbuch.at, www.avbuch.at
Deutsche Bibliothek – CIP-Einheitsaufnahme
Die Deutsche Nationalbibliothek verzeichnet diese Publikation in der Deutschen Nationalbibliografie; detail-lierte bibliografische Daten sind im Internet über http://dnb.ddb.de abrufbar.

Projektleitung, Lektorat & Herstellung: Elke Papouschek für den Österreichischen Agrarverlag
Korrektorat: Christina Spiegl
Grafische Gestaltung & Satz: GSB – Graphikdesign Smitty Brandner
Druck: www.graspo.com
unveränderte Auflage 2021
Printed in EU, ISBN 978-3-7040-2096-3